图 2-2　从航天飞机上拍摄的国际空间站

图 2-3　"天宫"空间站

图 2-21　建造中的 Lacrosse-5 卫星

图 3-3 "土星 5 号"火箭发射"阿波罗 11 号"登月飞船

图 4-4 "斯皮策"空间望远镜

图 4-5　"新地平线"探测器拍摄的冥王星

图 4-6　阳光照射在土星的第六号卫星"泰坦"上，海洋反射出金色的光芒

图 4-9　土卫二的表面

图 4-10　"卡西尼号"从土星轨道拍摄的地球
（箭头所指）

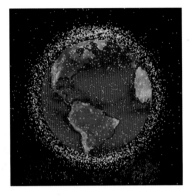

图 7-4　地球轨道上的空间碎片

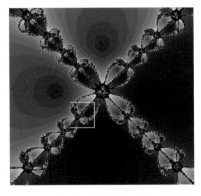

图 13-4　牛顿法初始值和方程解的关系

图 13-5　牛顿法初始值和方程解的关系
（第一次局部放大）

图 13-6　牛顿法初始值和方程解的关系
（第二次局部放大）

图 7-8　航天员 Dale A. Gardner 手持"待售"的标识，准备回收卫星

宇宙拓荒记

张拯宁 贺然◎著

清华大学出版社

北京

内 容 简 介

　　本书面向青少年读者、航天爱好者以及对技术科普感兴趣的读者,讲述有关航天技术的有趣故事,包括航天技术发展历程中遇到的各种难题,以及它们是如何被解决的。这些解决过程本身非常有趣,旨在扩展青少年的知识视野,提高人们对于航天领域的关注,对人们的生活和工作都有参考价值。

图书在版编目(CIP)数据

　　宇宙拓荒记/张拯宁,贺然著.—北京:清华大学出版社,2021.1
　　ISBN 978-7-302-55884-2

　　Ⅰ.①宇… Ⅱ.①张… ②贺… Ⅲ.①宇宙—普及读物 Ⅳ.①P159-49

　　中国版本图书馆 CIP 数据核字(2020)第 109150 号

责任编辑:付弘宇
封面设计:刘　键
插画设计:闵若愚
责任校对:徐俊伟
责任印制:吴佳雯

出版发行:清华大学出版社
　　　　　网　　　址:http://www.tup.com.cn,http://www.wqbook.com
　　　　　地　　　址:北京清华大学学研大厦 A 座　　　　　邮　　编:100084
　　　　　社 总 机:010-62770175　　　　　　　　　　　　邮　　购:010-83470235
　　　　　投稿与读者服务:010-62776969,c-service@tup.tsinghua.edu.cn
　　　　　质量反馈:010-62772015,zhiliang@tup.tsinghua.edu.cn
　　　　　课件下载:http://www.tup.com.cn,010-83470236
印 装 者:三河市龙大印装有限公司
经　　销:全国新华书店
开　　本:185mm×230mm　　印张:18.5　　插页:2　　字　　数:315 千字
版　　次:2021 年 2 月第 1 版　　　　　　　　　　　　　印　　次:2021 年 2 月第 1 次印刷
印　　数:1~2000
定　　价:69.80 元

产品编号:076199-01

自序
PREFACE

我是一名航天工程师，从事这个职业是儿时的梦想。还记得小学时的一个暑假，我读到一部名为《飞向人马座》的科幻小说。这部小说创作于 1979 年，讲述了三个少年因为事故被送入太空，在太空流浪五年、历经种种磨难之后，巧妙利用黑洞引力，最终成功返回地球的故事，本质上是励志故事，但书里也有很多科普内容，而且作者郑文光非常严谨，为了推敲数据，常常计算一个下午。少年的我因为这本书而痴迷于太空历险，那个暑假每天晚上都带着黑洞、红移、宇宙飞船进入梦乡。

从此我立志长大后从事航天工作，没想到大学毕业后能够梦想成真。工作二十年之后，我很想写一本书，从工程师的角度说说航天，因为真实的航天工作与自己此前的想象差距非常大，却很少有人把航天工程师经历的故事、思考的问题写成科普作品。

当年高考填报志愿，我完全不了解大学各专业都学什么。大学毕业找工作时，同样困惑于工作之后到底做什么。这种情况如今有所改观，但每年高考后，还是有不少亲友向我了解工科大学的专业到底学些什么，毕业后会从事哪些工作。比方说我想成为航天工程师，可是中国航天领域一共才十来万名员工，生长在西北小县城的我，哪里有机会认识从事航天工作的人。中国特别缺一套科普书，能够告诉孩子们：各行各业都做些什么？从事这些工作的人又是如何思考和解决问题的？他们有哪些有价值的、有趣的故事？

工程师思维和理工科思维有所不同。理工科思维是理性的、逻辑的一种思维习惯，讲究以理服人。工程师思维在理工科思维的基础上更进一步。工程师的目的是改变世界，仅掌握事物的基本原理远远不够。要把理论变成现实，就需要克服各种困难，在各种条件的限制下找出一个解决问题的实际办法。

比方说牛顿发现了万有引力理论,所以脱离地球、飞往太空所需要的第一宇宙速度在理论上就可以立即计算出来,那么航天飞行这件事从理论上是可行的。但这距离真正进入太空还非常遥远。航天工程师的主要贡献是解决了一系列的工程问题,其中最重要的是齐奥尔科夫斯基提出,必须使用多级火箭、采用"丢包袱"的办法,才可能使用现有的燃料实现"飞天"梦想。但这还不够,还有无数问题需要航天工程师去解决。比如:应该用固体还是液体燃料? 火箭到底应该设计为多高、多粗? 火箭发动机如何在高温下不被烧毁?

科普是以浅显的方式向大众普及科学"技术"知识、倡导科学方法、传播科学思想和弘扬科学精神。请注意,这里说的是普及科学"技术"知识,世界上的科学普及图书很多,但技术普及的图书很少,不仅中国如此,在全世界情况都类似。

科学问题虽然解答起来非常不易,但问题本身往往简单明了。比如:光有没有质量? 光速是多少? 天空为什么是蓝色的? 人类对这些问题报有天然的好奇心。但对于技术问题,这种好奇心基本不存在。技术问题,或者说工程问题,常常不那么"天然",能够问出问题本身就需要仔细的观察和深入的思考。比如汽车 ABS 系统,估计很多司机都压根不知道这是什么。没有了好奇心的驱动,技术普及做起来就困难多了。

技术普及需要作者有非常广的知识面和多年的积累,再加上写作能力。大学工科专业的毕业生,哪怕是研究生,从工作到成为一名能够独立解决问题的合格工程师,至少也需要三年左右的时间。而成为一名合格的工程师,距离胜任技术科普还差得很远,因为需要总结、提炼、想清楚这些问题背后的本质原因。等把这些事情都搞明白了,这名工程师多半工作非常繁忙,哪里有时间来写作。

能把技术问题写得有趣,让大家愿意去读也很不易。技术问题往往很琐碎,工程师自己也许很有兴趣,让不相关的外行也想了解可就难了。拿汽车来举例,你想过吗,汽车拐弯时,内侧和外侧的半径当然很不一样,那么内外侧车轮的速度就不一样,外侧车轮比内侧车轮走更多的路,这怎么解决呢? 这样一个典型的技术问题,虽然早在一百年前就被雷诺汽车公司的创始人解决了,但直到今天,又有多少人能够提出这个问题,多少机械专业毕业生能够用简短、有趣的文字说清楚这个问题到底是如何解决的?

人类到太空去，面对的是完全未知的世界，需要在距离上、时间上、速度上，乃至认知上都去挑战极限，这特别需要一种拓荒精神，敢于到没有路的地方走出一条路来。

知识是可以被给予的，但见识更多来自他人和自我的启发。我们决定写这本《宇宙拓荒记》，就是希望把人类在探索未知、挑战认知边界过程中所经历的挫折、所思所想以及因而得到的科学和工程道理讲清楚，启发读者的见识。希望能讲清楚为什么现实中工程师要采用这样而不是那样的解决方案，这些伟大的航天工程背后有没有一种方法论。希望通过本书的一系列故事，把这些道理和思维方法讲清楚，希望读者学到工程师解决问题的"大逻辑"，而不只是明白若干深浅不一的航天知识点。

写作非常不易，把脑海中的想法变成文字，本身就是一个浩大的工程。写作过程中，需要不断求证各种事实。要知道，即使是大辞典、学术文章、专业教科书，其中也充斥着小错误。当需要把这些知识链接为一个网络时，很多不自洽的矛盾、互相冲突的说法都显现出来。例如，为了确认美国某型号火箭的发射时间，我们在中国的百科全书、维基百科以及其他网站上找到了三个不同的答案，但正确答案显然只有一个。为什么会出现这种情况，本身也是一个值得思考的问题。又如，在写到火箭与航天器的命名时，因为很多欧美航天器都是用古希腊和罗马神祇的名字命名，要搞清楚来龙去脉，就需要阅读大量与古希腊神话相关的专业书籍。写完之后，自己差不多成了半个希腊神话专家。

在本书即将出版之际，人类宇宙拓荒的时间轴已经推进到了科幻故事中常说的未来——2020 年。这一年，我国的"天问一号"离开了地月系、奔向火星，"嫦娥 5 号"带回了月球上泥土的气息，日本的第二只"不死鸟"——"隼鸟 2 号"也成功带回了小行星上的尘埃……宇宙拓荒的故事还在继续。

航天科学家科罗廖夫[①]曾多次谈到凡尔纳的科幻作品对他人生选择的重大影响，谁又能说正在读本书的你，不会成为下一位科罗廖夫呢！

本书分为四部分：探索篇、突破篇、挫折篇和梦想篇。探索篇讲述了关于太空探索

---

① 科罗廖夫，全名谢尔盖·帕夫洛维奇·科罗廖夫，苏联功勋科学家，苏联科学院院士。他也是苏联和美国"星际争霸"中苏方的灵魂人物。他在世时，苏联航天技术始终领先美国半步。他是人类第一颗人造地球卫星运载火箭的设计者、第一艘载人航天飞船的总设计师。科罗廖夫非常忙，忙到经常同时接听两个电话。不幸的是，他在59 岁时(1966 年)积劳成疾，溘然长逝，留下了尚在概念阶段的 N1 火箭，也就是苏联计划用于载人登月的火箭。此后N1 火箭接二连三地遭遇失败，严重滞后了苏联的登月进程，最终在 1969 年被美国抢先完成了人类首次登月的壮举。

的七个有趣故事；突破篇则回答了六个有深度的问题，涉及的都是航天领域内非常重要但外行很少了解的知识；挫折篇给读者准备了六个航天工程师应对挫折的真实故事；梦想篇则是对未来技术发展和太空探索前景的展望。

本书共20章，其中第1～4、7～9、14、15、20章由张拯宁主笔撰写，第5、6、10～13、16～19章由贺然主笔撰写。

我们要感谢给本书提出改进建议的人。尽管我们尽量删减专业的词汇和繁杂的数学公式，但是在形成第一版书稿时，我们还是非常担心故事不够浅显易懂，不够生动有趣。我们发动亲友试读书稿：贺然的父母贺敏生、王益伟认真地阅读了每一篇故事，提出了非常细致的建议，并给予我们很多鼓励；航天工程师梁志国从专业的角度进行了审读，指出了书稿中描述不清的概念和问题；《国际太空》杂志社的庞之浩老师在本书成稿的过程中给予了大力支持。通过试读和修改，书稿的易读性、严谨性和趣味性有了明显的提升。

我们要感谢家人对本书写作的无私支持。利用业余时间写作本就是不容易的事情，尤其繁忙的工作已经挤占了不少陪伴家人的时间，写作中必然要求家人付出更多。我的妻子于玲、贺然的妻子崔婷在承担更多家庭责任的同时，也是我们身边最直接的讨论对象，通过和她们的交流我们得到了很多灵感。也要感谢贺然的儿子贺一诺、我的女儿张馨元，孩子们对本书出版的期待是我们的动力源泉。

本书搜集素材的过程中也参考了很多互联网上的信息，包括毛新愿老师、微信公众号"小火箭"的创始人邢强老师在内的诸多科普作家的文章给了我们不少启发，感谢他们的工作对本书的帮助。

我们要感谢本书的插画师闫若愚先生。绘制科普书籍的插画并不容易，一方面要生动有趣，另一方面要严谨、科学。闫若愚先生成功地兼顾了两者，为本书增色不少。

我们还要感谢清华大学出版社所有为本书出版付出辛劳的人们，他们专业、严谨的工作态度令人钦佩，并且提出了很多有价值的建议。

最后，尽管我们在写作中十分努力，但由于自身能力所限，书中仍可能出现疏漏，恳请广大读者批评、指正。

书中部分图片来自 NASA 官方网站、维基百科等网络资源,具体来源已在各章参
考文献中列出。本书封面上的地球照片①也来自 NASA,是距地球一百万英里的太空
相机拍摄到的、月亮掠过地球表面的景象,颇有趣味。

张拯宁

2020 年 12 月

---

① https://images.nasa.gov/details-from-a-million-miles-away-nasa-camera-shows-moon-crossing-face-of-earth_
20129140980_o

目录
CONTENTS

探 索 篇

突　破　篇

挫　折　篇

梦 想 篇

探索篇

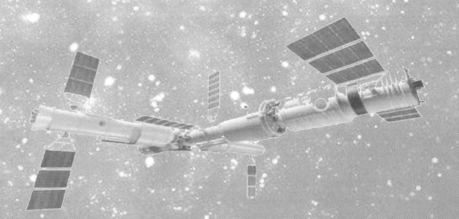

第 1 章　太空"学区房"

重要问题不是自由，而是树立正当的公共秩序。人类可以无自由而有秩序，但不能无秩序而有自由。

——塞缪尔·亨廷顿（美国政治学家）

大自然的秩序，证明了宇宙确有它的建筑家。

——康德（德国哲学家）

1.1　引子

2015年,一家菲律宾媒体发表文章,指责中国不仅在南海抢占领土,还在太空里抢走了本来属于该国、位于东经98°的地球静止轨道卫星位置[1]。这篇文章写得相当煽情,中国如何"无礼",菲律宾如何"悲惨"地失去仅有的卫星轨道位置,至今都没有一颗属于自己的通信卫星,以后恐怕打个电话都会很困难了……菲律宾媒体的指责完全是无端的,不过太空中轨道位置的归属和陆地、海洋相比,有一套几乎完全不同的规则。陆地领土亦或是海洋领海、海岛的归属,所遵循的国际法原则一是历史沿革,二是自然地理环境,这两条规则在太空中显然都不适用。

别说宇宙无边无际,仅仅地球周围的太阳系也如此广阔,而最大的人造地球卫星的半径也不过几十米。这么个小东西放在轨道上,实在是微不足道的存在。既然如此,为啥各国会纠结这么一个小小的轨道位置?

其实这件事情在本质上和北上广深的房价贵是一个道理。近些年来北上广深的房价越来越高,恐怕许多读者都感同身受,这其中最根本的经济原因是人口增长,需求增加,但是土地资源相对稀缺,造成供需失衡。虽然地球周围的空间如此广袤,看上去似乎卫星数量可以无限制地增长,小小一颗卫星,容纳它的空间总是有的,但对于一些有特别使用价值的轨道,事实并非如此,特别是堪称太空"学区房"的地球静止轨道(GEO轨道)。卫星典型轨道如图1-1所示。

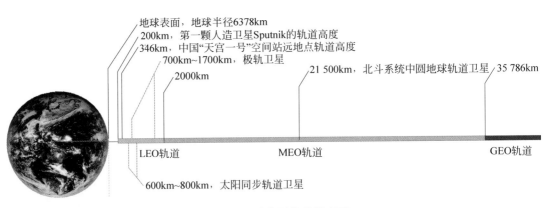

图1-1　卫星典型轨道示意图

GEO 轨道非常特别,是地球赤道上空 36 000km 处的一个圆(划重点:请注意是圆,而不是一个球面),如图 1-2 所示。在这个轨道上运行的卫星相对地球静止,这样的卫星可以固定在地球某个区域的上方,特别适合用于广播电视信号的传播,因此价值极大。因为如果卫星不是相对于地球静止,那我们在地球上和卫星通信,天线就得一直跟着卫星旋转跟踪,这样一来,设备可就复杂多了,价格自然也就贵多了。所以,GEO 的轨道位置就相当于学区房,"交通便利,还能上好学校"。

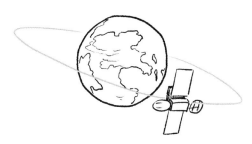

图 1-2 GEO 轨道示意图

除了轨道位置,还有另一件重要的事情,那就是频率资源。对于卫星通信系统来讲,能够使用哪个频段通信是一件至关重要的事情。因为卫星和地球之间隔着一层厚厚的大气,而且并不是所有的频率都适合通信。如果能够获得更好的频率资源,那么通信卫星的通信容量就可以更大,和其他卫星之间的干扰也会更小,通信效果也会更加优良。所以频率资源有点像房子的户型和所处的环境,本来就是学区房,房子又面积大、户型好、采光好、通风好,当然价值就更高了。

世界各国在地球上为了争夺各种资源常常大打出手,这么重要的卫星轨道和频率资源自然也不会放过。但是吵来吵去也不能解决问题,还得坐下来商量。于是就组建了国际电信联盟(International Telecommunication Union,ITU,简称国际电联)这个国际组织,专门负责全世界卫星轨道和频率资源的组织、协调。

1.2 规则与秩序—— ITU 的"前世今生"

国际电联的历史可以追溯到 19 世纪,当时成立它的主要目的是为了能够顺利地实现国际电报通信。电报这种通信业务的优势就是能够远距离通信,需要各国之间协调一致才能互不干扰。于是在 1865 年,法国、德国等 20 个国家在巴黎相约开了一次会,签订了《国际电报公约》,成立了国际电报联盟。1906 年,随着无线电技术的发展,德国、英国、法国和美国等 27 个国家又在柏林开了一次会,签署了《国际无线电报公约》。1932 年,联盟各国觉得这两个协约其实完全可以合并,于是就再次在西班牙马德里开了一个会,正式宣布两个协约合并,制定了新的《国际电信公约》,并且正式更名为国际电信联盟。概括起来就是,先后开了三次国际会议,于是就有了 ITU 这个国际组织。

中国很早就加入了国际电报联盟,1932 年的马德里会议中国也派代表参加并签署了公约。二战后的 1947 年,国际电联成为联合国的一个专门机构,总部设在美丽的日内瓦。现在 ITU 的秘书长是中国人赵厚麟,他在 2014 年高票当选,任期四年,并于 2018 年成功连任。他是国际电信联盟成立 150 年来首位中国籍秘书长。

担任联合国专门机构一把手的中国人非常少,赵厚麟是第三位,另两位是世界卫生组织总干事陈冯富珍和联合国工业发展组织总干事李勇。"赵厚麟的经历非常有中国特色,他出生在江苏高邮的一个裁缝家庭,初中毕业时正好"文革"开始,只能到农村下乡。种地之余他坚持不放弃学习,后来有机会先当了工人,因为工作特别努力而且坚持读书,又抓住了上大学的机会。他不仅学英语,每天早上还坚持自学日语,所以我们可以看到在国际电联大会上他能够用日语发言。赵厚麟后来又去英国留学,毕业后被推荐到 ITU 工作。赵厚麟的经历就是一部不屈服于时代、用知识改变命运的故事。"正因为 ITU 的秘书长是中国人,所以菲律宾媒体那篇无端指责中国的文章还含沙射影地暗示 ITU 偏袒了中国。

ITU 主要由三个部门组成,每个部门都有一个代号。其中 ITU-T 部门负责制定标准,ITU-R 部门负责管理无线电通信,ITU-D 部门负责促进全球范围的电信技术发展。ITU-R 最核心的任务就是管理国际无线电频谱和卫星轨道资源,它又设立了 6 个研究组,其中 SG4 就专门负责卫星业务的研究。ITU-R 负责制定《无线电规则》,世界各国都得按照这个规则使用无线电。历史上曾经有许多中国人认为这些规则都是列强制定的,对发展中国家,特别是对中国不利。客观上说,这些情况的确存在。但规则就是规则,你只能遵守规则,然后慢慢改变规则,如果不遵守规则,根本就无法立足。假如说中国研制的通信卫星使用的频率和轨道位置不遵守 ITU-R 的规定,自行其是,那很可能会被其他国家的卫星干扰,也很可能干扰到其他通信系统,最后谁都无法正常工作,那中国就肯定会被世界各国指责。

1.3 稀缺的无线电频率

电磁波是一个很酷的名字,它是一个统称,实际使用时,都只使用其中很小的一部分。为了研究和使用的方便,就得把电磁波按照频率或者波长进一步划分。当然,无论是按频率还是按波长,这两种划分方法本质上是相同的。电磁波可以粗略地划分为无线电波、红外线、可见光、紫外线、X 射线和伽马射线。我们把用于无线通信的电磁波称为无线电波。

无线电波通常指频率低于 3000GHz 的电磁波,频率为 3000GHz 的电磁波波长是 0.01mm,这个长度大约是我们头发丝直径的十分之一。频率比这个还高的电磁波,波长就会更短,一般认为属于光的范畴了。无线电波按照波长又可以进一步地划分为极长波、超长波、长波、中波、短波、超短波、微波、毫米波和亚毫米波等波段。这里面我们对中波、短波非常熟悉,因为大家开车时收听的调频广播和各种对讲机基本都工作在这两个波段。当然,相对应地,按照频率可以把无线电波划分为低频、中频、高频、甚高频、特高频、极高频等频段。在有线电视普及之前,电视上长着两根辫子,通过无线的方式从广播电视塔接收视频信号,使用的频段就是甚高频。所以工程师口中的"甚高频无线多媒体接收机",翻译成"人话"就是电视机。

但是对于卫星通信来讲,因为卫星需要和地面之间通信,无线电需要穿过厚厚的大气层,所以首先应考虑到所选频段的电磁波是否能穿透大气层。图 1-3 给出了整个无线电频带对于大气层的可见情况。频率极高的 X 射线、伽马射线由于被上层大气强烈吸收而无法穿透大气层;可见光谱段基本是可见的,但是不同波长的吸收情况有很大不同;多数的红外谱段都将被大气吸收;短波(HF)以下频段无线电信号,由于频率低,被电离层反射回地面,从而无法使用。因此,只有波长在 1mm 至 1m 左右、即约为 300MHz 到 300GHz 的频率范围是卫星和地面通信时可以使用的频段。

不同频率的电磁波在穿过大气层时被吸收的情况有很大不同。干燥大气除了在

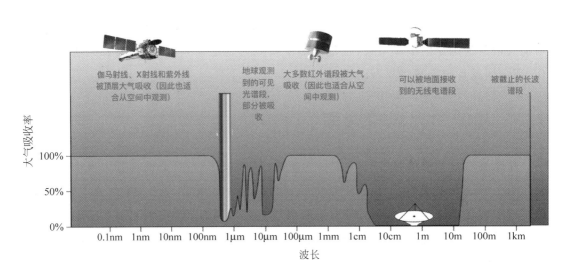

图 1-3　无线电频带对于大气层的可见情况 [2]

氧气谐振吸收带附近外,对电磁波的吸收并不严重,但是潮湿大气对电磁波的吸收随频率增高将急剧增大。正因为如此,卫星通信必须避开 22.3GHz 的水分子吸收带和 60GHz 附近的氧分子吸收带。而且,总体上讲,频率越高,可用的频率资源越宽,也就意味着信息传输能力更强,但是受降雨影响也越大。假如要设计一套给船舶使用的卫星通信系统,那么降雨的影响就必须充分考虑,这时候就不适合使用特别高的通信频率。

因为 300MHz 到 300GHz 的微波频段应用特别广泛,为了沟通交流的方便,工程师就将其再细分为若干子频段,而且给这些子频段规定了一个英文字母作为代号。比如,1.12～1.70GHz 称为 L 频段,2.60～3.95GHz 称为 S 频段;3.95～5.85GHz 称为 C 频段,18.0～26.5GHz 称为 K 频段,等等。大家可能会奇怪,既然只是起个代号,为什么不按照字母表的顺序有规律地命名呢?那样的话很容易记忆,不像现在,一点规律也没有。工程师聊起通信频率,说的都是字母代号,外行听起来和"天书"差不多。

频段的命名如此诡异的原因可以追溯到二战。当时的无线通信技术非常原始,通信频率的选择至关重要,一旦频率泄露就很容易被监听。因此,主要是为了保密的需要,据说是某位来自美国新泽西州蒙特茅斯的工程师提出了用 P、L、S、C、X 和 K 这几个看上去完全没关联的字母来表示几个常用的无线电频段。

（1）P 频段表示 250～500MHz，P 来自于单词"previous"，这是因为这个频段被用于早期的雷达系统；

（2）L 频段表示 0.5～1.5GHz，L 来自于单词"long"，用来表示长波；

（3）S 频段表示 2～4GHz，S 来自于单词"short"，表示更短的电波，但是这和我们之前谈到的短波无线电完全不同；

（4）C 频段表示 4～8GHz，C 来自于单词"compromise"，表示这个频段处于 S 和 X 频段之间的折中位置；

（5）X 频段表示 8～12GHz，X 来自于十字靶心的图形化缩写，因为这个频段在二战时被用于火控雷达；

（6）K 频段表示 18～26GHz，K 其实来自于德语单词"kurz"，也是"短"的意思，当然是指更短波长的电波。

此外，当时工程师们还提出用字母下标 u（under）和 a（above）表示比上述标准频段的频率低一些或者高一些的子频段，例如 Ku 频段的范围是 12～18GHz，比标准 K 频段的 18～27GHz 要低一些，而 Ka 频段则更高一些。不过由于历史沿革的原因，只有 Ku 和 Ka 保留下来，其他带字母下标的子频段代号由于使用得少，逐渐被淡忘了。

二战后，美国军方其实并没有公开这些频段代号，不过包括摩托罗拉、惠普公司在内的通信巨头，依据公开材料对这些保密的频段代号进行了许多有根据的猜测，初步确定了这些代号所指代的频率范围。随着通信技术的发展和对各种通信需求的快速增长，必须在世界范围内对通信频段的划分和字母代号作出统一规定。1959 年，ITU 在日内瓦召开会议，正式批准通过了一个频段字母代号的分配方案。1976 年，国际电工委员会（IEEE）进一步制定了标准，从此，这些频段字母代号由二战时某位工程师的随意设计，正式作为通信行业的标准固定下来。

1.4 地球房子贵，太空轨位缺

无论哪个房地产开发商，要盖楼先得有地皮，然后要拿到各种许可证。在太空发射卫星也很类似，ITU 就好比政府的土地和建设管理部门，任何一个国家要发射卫星，都要向 ITU 申请轨道和频率资源。轨道资源就好比地皮,频率资源就好比楼盘的容积率,这些资源都必须通过国际协调达成一致后才能使用。频率和轨道问题相互影响,事实上成为一个不可分割的问题。

ITU 只接受成员国的申请。所以各位读者,如果你自己想发射一颗卫星玩,直接跑到日内瓦去可不行。你必须先到北京来,找工信部审批,之后才能由国家的主管部门统一向 ITU 提出申请。北上广深的房子贵,太空里的轨道资源和频率资源也很稀缺,所以当然不是你想用哪个轨道位置和频率资源就可以用的,而是要经过一个复杂的程序。

ITU 分配轨道位置和频率资源遵循的基本原则是:公平、合理、有效和禁止据为己有。世界上有这么多国家,很多国家都想拥有自己的卫星系统,轨位和频率资源相对来讲肯定是不够的。基于公平的原则,ITU 在具体分配轨位时,根据地理位置和国情,给世界各国都预先规划分配了一些位置。中国这么大,人口如此众多,但也只规划给中国六个轨道位置。

ITU 规划轨道位置依据的国际法是 1967 年联合国通过的一个名字很长很长的公约,这个公约的全名叫作《关于各国探索和利用包括月球和其他天体的外层空间活动所应遵守原则的条约》[3]。能一口气读完这个公约名字的朋友,体测时肺活量肯定都能够达标。目前,这个公约已经有 100 多个国家签署。联合国的条约名字好像都特别地长,可能是为了准确吧,本书中就把它叫作《外空条约》。这个条约规定的最重要的原则就是,不管是外层空间,还是月球等其他任何天体,任何国家都不能将其据为己有。这句文绉绉的法律语言用大白话解释就是,世界各国对太空、对任何天体都只有使用权,没有所有权。这个原则和中国的房产政策真的很像,不管你的房子多贵,虽然房子属于你,但是普通住宅所使用的土地却只有 70 年使用权,因为土地是属于国家全民所有的,你只能租而不能买。

基于这个原则,虽然 ITU 给各个国家都分配了轨道位置,看上去非常公平,但是还要求必须在一个限定的期限内把卫星发射上去,占据这个位置。对于多数发展中国家,实际上只拥有在法律上的平等机会和权利,在事实上,如果你没有足够的技术和经济实力,当然不可能真正拥有这些轨道位置。

实际操作中,轨道和频率资源有限,这么多国家都想使用,就要通过另一套称作"协调法"的规则来处理,通过一系列的协调程序来最终获得使用权。这个程序简单来说就是"先来先得,到期不候"。

如果某个国家想要使用某个轨道位置,那就要在卫星投入运营前六年至两年内提出申请并公布详细信息。每个申请叫作一份"卫星网络资料",接下来就是漫长、曲折的协调过程。因为申请者必须保证不能干扰已经在轨道上运行的卫星系统,也不能干扰之前已经公布资料的规划卫星。完成所有的协调工作后,就可以正式登记,获得特定频率和轨道位置的使用权。

"到期不候"的意思是有一个规定期限,这个期限是七年。当然这和七年之痒无关。根据ITU的规定,轨位登记后,如果在七年内未能将卫星投入运营,那么前面所有的一切工作都白做了,得重新申请。这其中最难的环节是协调工作,越晚申请,需要的协调工作量和难度就越人。而且,看似是技术性非常强的频率和轨位协调工作,其实背后都是各国的商业利益、经济和政治关系,甚至国家安全、文化乃至意识形态等各种利益纠葛在一起,自然非常敏感和不易。比方说,A国已经有一份处于优先的卫星网络协调资料,B国规划中的卫星网络与之产生了冲突,那就得云找A国商量,这就是协调。商量过程中,当然会提出各种条件,为了达到目的,处于不利地位的国家往往要付出巨大的代价。现实中,经常由于各种政治考量,即使实际上没有干扰,有些国家也会故意不同意对方的协调要求,在ITU的会议上还会使用各种手段拉拢中立国家支持,或者用其他资源来交换频率和轨位资源,听上去真像宫廷斗争。

由于通信卫星的研制周期较长,中间万一有点磕磕绊绊,进度就会拖延。卫星稍晚发射本来问题不大,但如果正好已经到了ITU要求将卫星投入运营的期限,那就麻烦了。实际上,很多卫星被要求必须在某个日期前发射升空,往往就是因为登记的轨道位置马上到期了。如果新卫星一时半会肯定发射不了,迫不得已时就需要把另一颗已经在轨道上的老卫星漂移过来,甚至会专门发射一颗没有实际用途的占轨卫星,先把轨道位置给占上再说。

现实中往往还有更悲剧的故事。申办2008年北京奥运会时,中国大力推进"中国移动多媒体广播"系统建设(这个系统现在已经很少听到了,英文名字叫作CMMB,简单来说就是可以用手机看高清电视），就想搞一种 CMMB 卫星，这样一颗卫星可以覆盖很多城市，节省地面系统建设的资金。于是就开始申请轨位，过程极其曲折。最后周边国家全部搞定了，拿到了轨位，但是结局你绝对想不到。后来由于商业前景不好、技术上又竞争不过互联网流媒体服务等原因，CMMB 卫星又不搞了，白白浪费了好不容易获取的宝贵频率和轨位资源。

本来按照《外空条约》，外层空间的频率、轨位资源不属于任何国家永久所有，所以不是商品，也不能买卖。但实际上不同的轨道位置、不同的通信频率、资料申报时间的早晚等因素都会大大影响一个计划中卫星频率和轨道位置的使用价值，所以通过各种手段和代价实际获得这些资源的使用权，本身就具有了极大商业价值。据专家估计，一个 GEO 轨位的价值超过 1 亿美元。慢慢地，帮助申请卫星频率和轨位资源就变成了一桩大生意，国际上出现了许多专门从事这项业务的公司。这些公司向 ITU 提交了大量的卫星申请资料，但是这些卫星其实只存在于纸面上，最后能否真正成为实际卫星还是个大大的问号，所以被戏称为"纸卫星"。如果某公司决定要发射通信卫星，临时申请肯定来不及，就会通过并购等方式，将已经拥有合适资源的公司纳入彀中，其目的主要是为了拿到宝贵的频率、轨位资源。汤加等一些国家从轨位交易中获利匪浅，中国的"亚太-1"和"亚太-2"卫星曾经因为没有合适的轨位，最后被迫租用汤加的 134E、138E 两个轨位，代价就是为汤加无偿提供了一部分卫星转发器供其使用。

虽然《外空条约》规定了外层空间属于全人类，任何国家都不能据为己有，可是这里面其实有两个漏洞。

第一个漏洞就是条约并没有规定什么叫作外层空间。地球表面之上是大气层，这块土地属于我们国家，当然土地之上的大气层就是我国领空，这是国家主权，是不容侵犯的。但是大气层的边界在哪里？别说距离地球表面几百千米的近地轨道，即使到了距离几千千米的中轨道位置上也还有稀薄的大气存在。学术界和多数国家都认同应该以航空器能够依靠空气动力学飞行的最大高度，即人造地球卫星可以停留的最低高度作为地球大气层和外太空的分界线。这个分界线距离地面大约 100km，叫作"卡门线"，如图 1-4 所示。

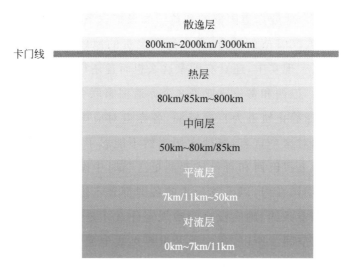

散逸层

800km~2000km/3000km

卡门线

热层

80km/85km~800km

中间层

50km~80km/85km

平流层

7km/11km~50km

对流层

0km~7km/11km

图 1-4 地球大气层的垂直分布和卡门线

"卡门线"的由来

"卡门线"得名自匈牙利裔美国工程师、物理学家西奥多·冯·卡门。冯·卡门是工程力学和航空技术权威,他为流体力学和空气动力学的发展做出了杰出贡献。冯·卡门还是美国喷气推进实验室(JPL)的创始人和首位主任,他也是钱学森、郭永怀等多位杰出中国科学家在加州理工学院学习时的导师。

冯·卡门首次计算得出,在100km高度附近,因大气太过稀薄,难以产生足够支持航空飞行的升力。在这条线以上,空气动力学变得无效。因此,这条线就成为外太空和地球大气层的分界线。

有三名20世纪60年代的前美国空军X-15飞机飞行员在2005年被追授了航天员徽章,原因是他们在执行飞行任务时飞行高度已经超过了100km,达到108km。但是在20世纪60年代,人们普遍认为飞行到这个高度还不能被称为航天员。蓝天的边界其实会更高一些。我们看到蓝天的原因是因为地球大气层对蓝色可见光的散射比其他颜色更强,所以就会在大气层的边缘产生一圈蓝色的光晕。随着海拔升高,大气也愈来愈稀薄,蓝色光晕就逐渐消失。到了大约海拔160km,大气已经太过稀薄,不能衍射足够的阳光,从而呈现出黑色背景。

但是这当然不符合地处赤道国家的利益。如果把这条界线划到地球静止轨道,也就是距离地面大约 36 000km 的地方,那么这些宝贵的地球静止轨道资源可就变成这些赤道国家的领空了。现实中,还真有国家这么想而且还行动了。1976 年,也就是《外空条约》签订 10 年后,巴西和哥伦比亚等 8 个赤道国家联合在一起,发布了一个《波哥大宣言》。宣言称地球静止轨道为自然资源,各赤道对应国家对该静止轨道及其下方的空间享有主权。面对这个宣言,其他大国当然不能忍了。因为要是真的如此,那大家发个卫星多半还要去找巴西和哥伦比亚商量。当时中国也早已发射了第一颗卫星“东方红一号”,包括中国在内,以美苏为主的各国都表示强烈反对。虽然宣言听上去不合理,可是毕竟《外空条约》确实没有明确规定什么才是外层空间,这就给某些国家留下了玩文字游戏的空间。所以,每次召开世界无线电通信大会,在通过的最后的申明文件中,哥伦比亚等国家都毫不例外地提出对地球静止轨道拥有主权的保留意见或者申明。当然,其他国家自然要表示“反保留、反申明”。在可以预见的将来,这个极具仪式感的惯例将继续下去,成为世界无线电通信大会的“保留节目”。

《外空条约》的另一个漏洞是只规定“任何国家不得通过提出主权要求使用、占领或以其他任何方式把外太空据为己有”,但是如果是个人或者企业提出所有权要求呢?1980 年就有一个美国人动起了歪主意。他成立了一家公司,将月球上的土地分隔成小块出售,每英亩售价 20 美元,据说最后赚了(骗了)几千万美元之多。近几年商业航天发展得如火如荼,仅仅在美国就已经有许多商业公司计划涉足太空采矿业。2015 年,当时的美国总统奥巴马签署法案,明确允许私人公司在外太空采矿,而且所得资源也归属个人所有。这件事长期来看影响深远,一方面这样可以极大调动企业的积极性,另一方面这是否违反了《外空条约》值得商榷。

1.5 太空是陆地的延伸,资源是永恒的主题

我们这一代中国人大多经历过类似的人生:大学毕业后,在北上广深找到一份工作,开始为能在这座城市真正拥有一片空间而努力打拼,眼看着房价越来越贵,薪水却增长乏力,可是身边家庭条件好的同学早已经当上了包租公(婆),每个月的租金就不少,赚的钱不仅可以升级“装备”,甚至还可以买更多的房。世界各国在太空中争夺轨

位的故事与此何其相似。截至 2018 年年底,世界上正在轨道上运行的有 2062 颗卫星,其中四成以上属于美国,中国的约占 14%,俄罗斯的约占 7%,中、美、俄三个国家的卫星一共占据总数的 66%,而世界上所有其他国家的卫星加在一起还不到 40%。

太空本质上还是陆地和大气层的延伸,在科学技术和资本方面占据领先地位的国家,必然在太空时代占据更多的优势资源。所幸,错过了大航海时代的我们在大航天时代还算跟上了节奏。少年,你是否愿意加入探索星辰大海的征途,为我们的后代留下更多的太空"学区房"?

参考文献

[1] 费德里科·帕斯夸尔(Federico D Pascual Jr.). China has grabbed Philippine satellite slot space [EB/OL]. https://www.philstar.com/opinion/2015/08/26/1492690/china-has-grabbed-philippine-satellite-slot-space. 菲律宾星报,2015 年 8 月 27 日.

[2] 维基百科电磁频谱[EB/OL]. https://en.wikipedia.org/wiki/Electromagnetic_spectrum.

[3] 联合国外层空间事务厅. 联合国关于外层空间的条约和原则、大会有关决议以及其他文件[S/OL]. http://www.unoosa.org/pdf/publications/st_space_61C.pdf.

第 2 章　看图识星

物理学的方法是建设在归纳上的,我们借此可知在先前发生过的外界某种境况毕具时,某现象必可重新发生。

——庞加莱(法国数学家)

2.1 千奇百怪的卫星

人类已经发明了太多东西,种类和数量多到数不清。一个世纪以前,一个普通人仅仅凭借兴趣完全可以将某一领域的所有书籍都读完,甚至认识全世界同一种类的所有产品,比如一名汽车爱好者完全可能认识所有品牌的汽车。但现在时代不同了,知识爆炸,信息爆炸,如果你不掌握规律,再也不可能通过遍历记住所有品牌的汽车。卫星也是这样。卫星曾经是一种非常稀罕的东西,20 世纪 60 年代,全世界一共也没几颗卫星在运行。但半个多世纪之后,全世界已经有超过 40 个国家发射过卫星,截至 2018 年年底,总数已超过 800 颗。

1957 年,苏联成功发射了第一颗人造地球卫星——Sputnik(在俄语中是"旅行者"的意思),人类正式进入了太空时代。卫星上天后,带给全人类极大的心理冲击,除了兴奋,还有恐惧。当时正值冷战时期,Sputnik 卫星(见图 2-1)上天后,许多美国人担心苏联会利用这颗卫星随时扔一颗核弹下来。有一部很知名的电影叫作《十月的天空》,讲的就是一个出生在美国煤矿小镇的男孩被这个谣言激励,自己搞探空火箭,后来成为 NASA 工程师的故事。

图 2-1 第一颗人造地球卫星
——Sputnik

许多汽车迷不要说看照片,晚上仅仅通过观察车灯就能知道这是哪个品牌的汽车。就算没达到这水平,多数司机只要看一眼汽车的外观,至少也能知道这是一辆货车还是洒水车,或是救护车。

同样,虽然有上千颗卫星,但对于卫星专家,真的只需看一眼图片,就能知道这颗卫星属于哪种类型,甚至可以告诉你它是哪个国家、哪个系列的。虽然各种卫星的实物或者计算机仿真模型的照片在网络上随处可见,但对于业余爱好者来说,很少有人能看一眼图片就分辨出这是一颗什么类型的卫星。

实际上,看图识卫星的确有规律可循。这一章就是要教给你一些很容易学会的方法。明白了其中的道理,只要你看一眼卫星的照片,就能够知道它的主要用途,甚至是哪个国家制造的。然后，就可以和小伙伴吹牛去了。

2.2　认识航天器

　　航天器（Spacecraft）按照是否载人可分为无人航天器和载人航天器，其中数量最多的无人航天器又可以按是否环绕地球运行分为人造地球卫星、无人运输器和深空探测器。无人航天器按照用途和飞行方式还可进一步分类，但是不论是何种航天器，人类将其发射进入太空，总是要完成一定的目标。这些目标可能是科学研究的任务，也可能是实现某种经济价值的任务，还可能是用于国防的军事任务。

　　先说载人航天器，认识它们相对还是比较容易的。比方说载人飞船，虽然长得都很像，不过全世界的载人飞船主要就是俄罗斯的"联盟"飞船和中国的"神舟"飞船，分清它们很简单。这个星球上，只有美国和苏联研制过航天飞机。而"暴风雪号"航天飞机随着苏联的解体，只能躺在仓库里生锈，甚至连一次飞往太空的机会都没有。所以只要你看到太空中的航天飞机，它一定是美国的，而且现在所有的航天飞机已经全部退役。空间站中苏联的"和平号"早已坠毁，如今的国际空间站巨大无比，特征明显，如图2-2所示。我国的"天宫"空间站比起来规模上要小很多，如图2-3所示，所以都很好识别。

图 2-2　从航天飞机上拍摄的国际空间站

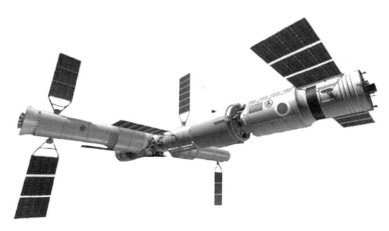

图 2-3　"天宫"空间站

航天器中数量最多的是人造地球卫星（Satellite），可以按照功能、用途、轨道进行分类，不过国内外的分类方法也不统一。通常把人造地球卫星按照功能分为下面 9 种类型[1]。

（1）通信卫星（Communication Satellites）：用于中继无线电信号，提供通信服务；

（2）地球观测卫星（Earth Observation Satellites）：民用的对地观测卫星，用于环境监测、考古、测绘、气象等用途；

（3）导航卫星（Navigational Satellites）：用无线电导航信号提供时间和空间位置服务；

（4）侦察卫星（Reconnaissance Satellites）：用于军事用途的对地观测卫星或通信卫星；

（5）气象卫星（Weather Satellites）：用于监测地球的天气和气候变化；

（6）返回式卫星（Recovery Satellites）：提供返回式的侦察、生物学或者空间制造服务；

（7）天文卫星（Astronomical Satellites）：用于观测遥远的天体、星系核以及其他外太空天体；

（8）生物学卫星：携带生物组织，用于开展科学试验；

（9）杀手卫星（Killer Satellites）：专门设计用于摧毁敌方的导弹、卫星和其他空间设备的卫星。

虽然卫星的分类方法各有不同,但通信、导航、对地观测(常常也称作遥感)卫星是其中最主要的三个类型,有的国家会把气象卫星独立作为一种类型。中国还有专门的测绘卫星、海洋卫星,不过这些卫星可以认为是对地观测卫星的一个子类。图 2-4 是中国对航天器的一种分类方法[2],航天飞机属于载人运输器一类。另外,中国科学家还常常把天文、生物学等卫星称为科学卫星,这是一个笼统的称呼,几乎所有不属于通信、导航、对地观测的卫星都可以划到这一类里。

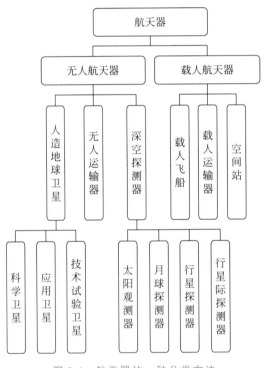

图 2-4　航天器的一种分类方法

说到底,要认识各种航天器,最困难和最主要的问题就是分清楚数量最多、种类最多的卫星。深空探测器数量不多,而且由于任务各不相同,形状和功能有很大差别,只好逐一认识,并无特别的诀窍。

2.3 卫星平台与有效载荷

当航天技术过了早期的摸索阶段,各种不同用途的卫星都冒了出来,这时候不可能像早期搞航天时,研制一个卫星型号就需要十年八年,所以如何在满足任务需求的基础上尽可能缩短研制周期、降低成本,就成为一个重要而且现实的问题。

于是航天工业开始向汽车工业学习,看怎样才能降低成本、提高效率。好比关于大众汽车有个段子:"把捷达改改就是宝来,宝来改改就是速腾,速腾改改就是迈腾"。因为这些车型虽然长相、内饰不一样,但是最基本的框架、底盘都很类似,无非是换换发动机和变速箱,排量大小不同,根据目标客户改个漂亮的外壳,最后再配上不同档次的内饰和车载电子设备。航天工程师一看,嘿,这种思路很不错嘛,我们也这么干,于是就搞了公用的卫星平台(Satellite Platform)。

在一个卫星平台基础上加上不同的有效载荷(payload),就有了不同种类的卫星。看似用途很不同的卫星其实往往都是在一个平台基础上研制的。比如中国的"北斗"导航卫星、遥感系列卫星、甚至"嫦娥一号",都是在非常成熟的"东方红 3 号(DFH-3)"平台基础上设计出来的。运载火箭则常在一个基本平台基础上,通过捆绑助推火箭实现更大的推力。比如中国"长征二号"系列火箭都是二级火箭,"长征三号"系列都是三级火箭。卫星平台部分通常由结构与机构、控制、推进、热控、能源、测控、数管等分系统组成。而有效载荷的差别则非常大,对于通信卫星,有效载荷主要是转发器和天线;对地观测卫星的有效载荷是相机等各种探测器;而载人飞船最主要的有效载荷就是航天员。

了解了卫星是由公用平台和有效载荷组成的,自然也就知道如何识别它们了。关键还是要看有效载荷,因为不同类型的卫星完全可能是基于同一个平台研制的,有效载荷则由于功能和任务的不同而差异极大。所以看图识星,主要看有效载荷,其次看平台。

2.4 通信卫星

1945 年,英国的阿瑟·克拉克爵士在期刊《无线世界》撰文指出,如果在地球同步轨道上均匀放置三颗卫星,将可以覆盖地球上大部分区域,可以实现全球中继通信,如

图 2-5 所示。这是人类首次提出通信卫星的基本概念。

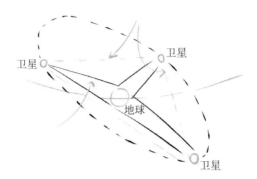

图 2-5　阿瑟·克拉克的通信卫星构想

　　阿瑟·克拉克爵士(Sir Arthur Charles Clarke,1917 年 12 月 16 日—2008 年 3 月 19 日)是英国著名的科幻小说作家。他与艾萨克·阿西莫夫、罗伯特·海因莱茵并称为 20 世纪三大科幻小说家。克拉克最知名的科幻小说作品是《2001 太空漫游》。该书由美国导演斯坦利·库布里克于 1968 年拍摄成同名电影,成为科幻电影的经典名作。克拉克曾多次获得星云奖、雨果奖等科幻文学大奖。2000 年,克拉克受封英国爵士。2012 年,NASA 曾宣布预计于 2014 年发射的太阳帆飞船 Sunjammer 号将搭载克拉克的 DNA 样本进入太空,这艘飞船的名字也来源于克拉克 1964 年发表的同名小说。遗憾的是这个计划后来因故取消。克拉克于 2008 年 3 月 19 日在斯里兰卡辞世,享寿 90 岁。

　　截至 2018 年 12 月 31 日,全球已成功发射 8269 个航天器,其中仅通信卫星就有 2195 颗。保持在轨运行的 2062 个航天器中 776 个都属于通信卫星,约占全部数量的 37%。

　　我们先简要回顾一下历史。

　　1958 年,美国发射了第一颗通信卫星——“斯科尔号(SCORE)”。当时还通过 SCORE 卫星中继传回了美国总统的圣诞问候,这是人类第一次从太空中转发语音信号。1962 年,美国成功发射了“电星 1 号(Telstar-1)”卫星,这是全球第一颗主动式直接中继通信卫星,首次实现了电视、电话和高速数据通信中继。1963 年,还是美国发射了"辛康-2(Syncom-2)"卫星,这是全球首颗地球静止轨道卫星。到1964年,苏联也发射了第一颗大椭圆轨道"闪电(Molniya)"通信卫星,大椭圆闪电轨道在北半球距离地球很远,在南半球则相反,距离地球很近,如此一来,卫星在北半球上空运行得很慢,所以能够更好地为北半球高纬度地区提供通信中继服务。1965年,国际通信卫星组织(INTELSAT)成立,它成功发射的首颗卫星——"国际通信卫星-1(Intelsat-1)"成为全球首颗商用通信卫星,这标志着通信卫星全面进入实用化阶段。

中国则在1970年4月24日使用"长征一号"运载火箭从酒泉卫星发射中心将"东方红一号"卫星成功送入轨道。当时国家希望让老百姓在地球上就能看见卫星,但"东方红一号"卫星特别小,距离又太远,很难实现这个目标。后来工程师受到折叠雨伞的启发,设计了一个特殊材质的"大围裙"。这个"大围裙"发射的时候收拢,等上天以后再吹大,撑开后长度可达3米多,这样一来,老百姓就能在地面上看见这个大大的尾巴。

在"东方红一号"卫星发射成功后,中国的通信部门和应用部门都迫切需要自主研制的卫星通信系统,供国防和广播电视等部门使用。由于当时各种无源和有源通信卫星技术都已经被试验证明是可行的,因此中国发展通信广播卫星时,就直接开始研制地球静止轨道通信卫星。1984年4月8日,中国使用"长征三号"运载火箭成功发射了"东方红二号(DFH-2)"试验通信卫星,它运行于地球同步轨道,采用双自旋稳定方式(这种稳定方式是通过让卫星旋转起来,从而获得像陀螺一样的稳定性,和骑自行车的道理类似)。之后又陆续研制成功了"东方红二号甲(DFH-2A)""东方红三号"通信卫星。进入21世纪,中国开始研制"东方红四号(DFH-4)"卫星平台。2006年10月29日,基于"东方红四号"平台的首颗通信卫星"鑫诺二号"首次发射,该卫星设计寿命为15年,发射重量为5100kg,配备22路Ku频段转发器。

2016年发射的Intelsat-36卫星(见图2-6)是国际通信卫星组织最新的一颗卫星,也是目前世界上最先进的通信卫星之一。Intelsat-36是美国劳拉空间系统公司基于LS-1300平台研制的一颗地球静止轨道通信卫星,定点在东经68.5°,共有20路C频段转发器和34路Ku频段转发器,主要为非洲和南亚地区服务。下面以它为例,看看通信卫星到底长的什么样。

图 2-6　Intelsat-36 通信卫星[3]

　　这颗卫星在地面测试时的状态如图 2-7 所示,当时太阳能电池阵折叠在星体两侧,还有巨大的通信天线也处于压紧收拢状态,要等卫星入轨后,通信天线才会展开。

图 2-7　地面测试中的 Intelsat-36 通信卫星[4]

识别通信卫星最有效的手段就是看通信天线。通信卫星的设计目的就是用来中继地面的无线电信号。由于卫星距离地面非常远,例如地球静止轨道距离地面达36 000km,所以地面信号到达卫星就已经非常微弱。同理,卫星发出的信号到达地面时也已经非常微弱。为了使人们能够用很小的手持电话就能接打电话,或者用很小口径的天线就能收看卫星电视,就一定要让通信卫星拥有很高的发射功率以及很大的通信天线。就好比你想要与对面山头的姑娘对唱山歌,嗓门大是必须的,可能还要用双手拢在嘴巴两侧,声音才能传得足够远。卫星的功率高就相当于唱歌嗓门大,天线口径大就相当于拿了个喇叭,让无线电信号可以对准某个方向发射出去,避免能量浪费。

由于卫星一般是采用太阳能电池作为能源,为了提高卫星的功率,就需要很大面积的太阳能电池阵。在图 2-6 中,我们可以看到 Intelsat-36 卫星有两副太阳能电池阵,各由三块电池组成。还有一些通信卫星为了进一步提高整星功率,太阳能电池阵的面积更大,星箭分离后需要二维展开,如图 2-8 所示的 EutelSat-W2A 卫星就采用了该技术。

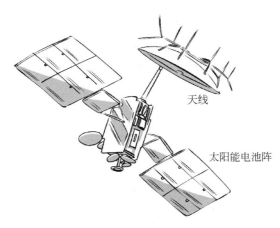

天线

太阳能电池阵

图 2-8　EutelSat-W2A 卫星

功率高仍然不够,还要有个大天线。现代通信卫星往往有多个工作频段和服务区域,所以就会有多副大型通信天线。这些天线的外形和我们在地面广播电视站看到的卫星电视接收天线(也就是俗称的“天线锅”)很像,一般口径在 3m 左右。

图 2-9 所示的欧洲 AlphaBus 通信卫星平台，它的天线数量更是夸张地超过了 10 副。看到这种带了好几个"天线锅"的卫星，想都不用想，肯定是通信卫星。

图 2-9　AlphaBus 通信卫星平台

总结一下，识别通信卫星，看两个关键特征：一是很大的太阳能电池阵，二是多副大口径的通信天线。随着技术进步，越来越多的通信卫星开始使用相控阵天线，这种天线没有像"锅盖"一样的反射面，体积也很小，要识别它们就更难一些。

2.5　导航卫星

导航卫星可能是与现代社会和老百姓生活关系最为密切的航天器了。几乎每部手机都装有 GPS 导航芯片，几乎所有的行业都使用导航卫星获取高精度的时间和位置信息，而且成本低廉。要是没有 GPS 系统，甚至都不会有共享单车这个产品。目前世界上有四个卫星导航系统，分别是美国的 GPS 全球定位系统、苏联/俄罗斯的 GLONASS 全球导航卫星系统、欧洲航天局的"伽利略"卫星定位系统和中国的"北斗"导航卫星定位系统。

美国的 GPS 系统是由分布在 6 个轨道面上的 24 颗卫星组成的星座（见图 2-10），其中 3 颗星在轨备份，卫星的轨道高度为 20 200km。

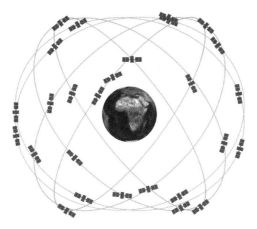

图 2-10　GPS 卫星星座

GPS 系统已经发展了几十年，卫星自然也在不断地发展、更新。2016 年发射的卫星型号是 Block Ⅱ-F（见图 2-11 和图 2-12），首颗 Block Ⅲ 卫星也已于 2018 年年底成功发射。

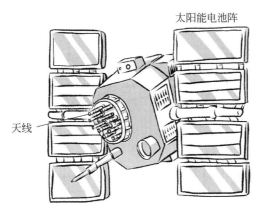

图 2-11　第二代 GPS 卫星

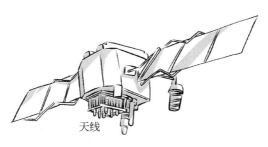

图 2-12　GPS 卫星（Block Ⅱ-F）

27

导航卫星在理论上也可以认为属于通信卫星的范畴。但是由于功能定位的不同，导航卫星使用的通信频段要比通信卫星使用的频率低很多。由于导航卫星的服务范围一定是全球，所以天线的波束需要覆盖整个卫星可见的地球范围，如图 2-13 所示。导航信号本质上就是一些连续发射的、包含时间和位置信息的电文，不过导航电文的通信速率很低。但由于军用和民用系统往往具有不同的精度，所以卫星还需要同时发射许多个不同频率的导航信号。

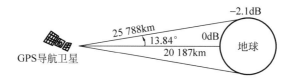

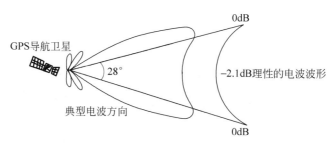

图 2-13　GPS 卫星的天线波束

相比较而言，由于通信卫星通常都只针对某一片特定区域提供服务，通信速率也要高很多，所以往往会使用更大口径的抛物面天线，使天线波的束只覆盖比较小的面积，这样可以使信号能力更集中，地面就可以用较小口径的天线与卫星通信。

因此，导航卫星的天线和通信卫星有很大区别，它并不需要具有定向作用的大抛物面天线，通常都使用波束很宽的螺旋天线。这些螺旋天线看上去有点像家用路由器或者手机的天线，只不过体积更大一些。它们一般都安装在卫星对着地球的方向，密密麻麻地排列在一起，如图 2-14 所示，这是导航卫星最典型的特征。螺旋天线看上去非常简单，就是用导线绕圈，然后背面加一个金属反射板，不过其中大有门道。螺旋天线绕制的形状不同,天线直径和波长的比值不同,就会导致天线的方向有很大不同。单独一根天线很难实现很好的性能,后来聪明的工程师又想到一个办法,把很多根天线放到一起,组成一个阵列一起工作。GPS 卫星上使用的就是这种螺旋天线组成的天线阵。第一代 GPS 卫星(Block I)使用了 12 根螺旋天线组成阵列,看上去相当醒目,好似科幻作品中的"死光发射器"。

太阳能电池阵

天线

图 2-14　GLONASS 卫星

虽然"伽利略"系统、GLONASS 系统、"北斗"系统在星座设计、卫星平台等方面与 GPS 系统有很多不同,但由于功能接近,所以最后殊途同归。特别是卫星上的导航通信天线外观很类似,比如俄罗斯的 GLONASS 系统也统一使用了螺旋天线阵列(见图 2-14)。

如图 2-15 所示的"伽利略"导航卫星的导航天线和 GPS 卫星有所不同。虽然也是由很多天线单元组成的天线阵列,但并没有使用螺旋天线作为基本单元,而是使用了另一种在体积和重量上更有优势的微带天线单元,代价是天线增益会低一些。这些天线单元看上去就像许多个小盒子,旁边是用于发射专用搜救信号的螺旋天线阵列,和 GPS 卫星是类似的。这样做的原因是"伽利略"卫星要比 GPS 卫星小很多,整星重量只有 700kg 左右,因此就必须采取措施,减小导航天线的体积和重量。

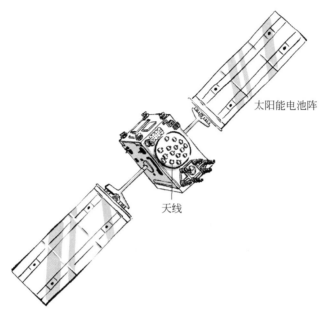

太阳能电池阵

天线

图 2-15 "伽利略"导航卫星

2.6 对地观测卫星

对地观测卫星数量众多,常常也叫作遥感卫星。广义上,如果这个名字里的"地"指的是地球而不是陆地,那我们可以把气象卫星也算作一种对地观测卫星,气象卫星主要是用于对大气层观测。海洋卫星自然也是一种对地观测卫星,因为它的观测目标是大海。在军用卫星里,除了专门的电子侦察卫星(其实可以归类为一种特别的通信卫星),大多数也都是成像侦察卫星,同样属于对地观测的范畴。

就在二十多年前,除了气象卫星,大多数对地观测卫星都是用于军事侦察,而且非常神秘,老百姓几乎不可能见到卫星照片。后来 Google 公司推出了 Google Earth 服务,大大降低了门槛。现在你只要有一台计算机或者一部手机,连接上网络,打开导航地图,切换到卫星照片模式,就可以打开"上帝之眼"看看你家后院了。

具体来讲,对地观测卫星使用的有效载荷主要有两类,一类是类似于家庭数码相机的光学探测载荷,另一类主要是以合成孔径雷达为代表的微波探测载荷。

光学卫星相机拍摄的照片和用数码相机拍摄的没什么两样,只不过早期照片多数是黑白的,近些年才变成彩色的。合成孔径雷达这个名字听上去很"高大上",其实你就把它当成一个雷达就可以了。合成孔径雷达(SAR)卫星是一种采用主动微波探测方式的对地观测卫星,它不是被动地接收地物反射阳光的光学信号,而是主动发射微波并对回波信号进行处理,从而获得目标的信息。所谓合成孔径的意思是利用雷达与目标的相对运动,把尺寸较小的真实天线孔径,用数据处理的方法合成为较大的等效天线孔径。它的优点是可以全天时、全天候地成像,甚至还能够穿透地表植被,也就是说不管白天还是晚上(全天时),不管晴天还是下雨(全天候),它都可以拍照。因此合成孔径雷达卫星对于军事侦察和灾后应急非常有用,它拍摄的照片如图 2-16 所示。汶川地震后,有关部门急需了解震区的受灾情况,但是由于四川地区阴云密布,这时可见光遥感卫星就无能为力了,只有合成孔径雷达可以穿透云层成像,从而发挥了巨大作用。

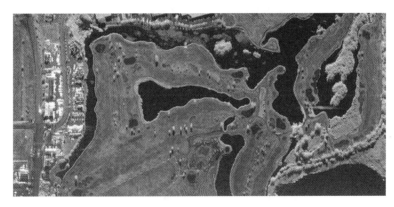

图 2-16　合成孔径雷达卫星拍摄的照片

世界各航天大国都研制和发射了许多对地观测卫星,这些卫星的成像能力和外观差别非常大。要说世界上最先进的光学对地观测卫星,肯定是美国的"锁眼(KeyHole,KH)"系列光学成像侦察卫星。由于这个系列卫星的保密程度相当高,所以找不到太多照片,不过哈勃望远镜使用了很多 KH-1 和 KH-12 的技术,二者是非常相似的。

图 2-17 是 KH-12 卫星的示意图。

KH-12 卫星的光学主透镜尺寸达到了 3m,重量据 NASA 的数据达到了 19.6t。这是一个相当惊人的数字,要知道中国的"天宫"空间站才 22t 重。

太阳能电池阵

相机

图 2-17   KH-12 卫星

下面我们看一些典型的遥感卫星。GeoEye 是美国数字地球公司发射和运营的系列遥感卫星,GeoEye-1 卫星的分辨率达到了 0.41m,如图 2-18 所示。

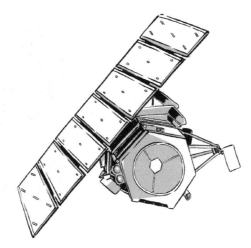

图 2-18   GeoEye-1 卫星

LandSat 是美国的对地观测系列卫星,最新的 LandSat-8 卫星在 2013 年发射升空(见图 2-19),由于它只有一副太阳能电池阵,看上去好似断臂的维纳斯。

WorldView 同样是美国的高分辨率商业遥感系列卫星,地面分辨率达到了 0.3m。其中的 WorldView-4(见图 2-20)可以说是当今世界上最先进的商业遥感卫星,它的分辨率达到了 0.31m。WorldView-4 的构型很独特,和其他遥感卫星相同的是长长的身体,特点是带着四副辐射状展开的太阳电池阵,好似一把旋转飞镖。

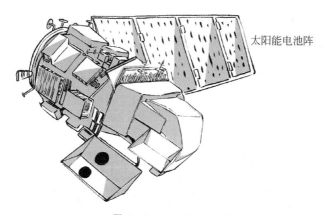

图 2-19 LandSat-8 卫星

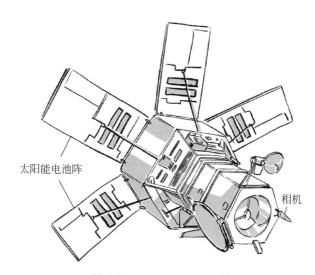

图 2-20 WorldView-4 卫星

　　仔细观察这些光学遥感卫星,可以发现一个显著的共同特征,那就是它们都有修长、曼妙的身材。这是因为要达到很高的地面分辨率,同时由于卫星的轨道高度至少在300km以上,距离地球表面很远,所以卫星相机光学镜头的焦距必须很长,口径必须很大,这和体育摄影记者们扛着巨大相机拍摄足球比赛是一个道理。因此,识别光学遥感卫星的诀窍就是看它是否有一个很大的光学镜头,通常还会有比较修长的身体。

　　我们再来看看 SAR 卫星。因为这种卫星需要自己发射微波信号并接收回波信号,所以它一定有一个很大的雷达天线,这是它的显著特征。

美国的"长曲棍球（Lacrosse）"系列 SAR 卫星毫无疑问是当今最先进的雷达侦察系列卫星，2005 年发射的 Lacrosse-5 卫星（见图 2-21）的地面分辨率就达到了 1m，这是一个相当先进的指标。"长曲棍球"系列卫星被高度保密，所以卫星的实物图片数量也很少。

图 2-21　建造中的 Lacrosse-5 卫星[5]

图 2-21 中正好有三名工程师在操作，大家可以体会一下这颗卫星有多么庞大。用数据说话，这颗卫星长约 8m，直径约 4m，重量超过 16t，太阳能电池阵全部展开后长达 45.1m，可以说是"恐龙级"的卫星了。据说一颗"长曲棍球"卫星的造价就达到了 10 亿美元。

图 2-22 是 Lacrosse-5 卫星的组成图，可以看到它除了巨大的太阳能电池阵之外，还有两个面积非常大的雷达天线，形状很像长曲棍球，这也是它得名的原因。

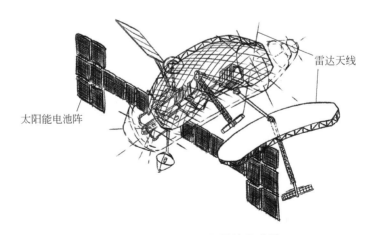

图 2-22　Lacrosse-5 卫星的组成图

TerraSAR-X(见图 2-23)是德国的第一颗雷达成像卫星,分辨率也可以达到 1m, 2008 年投入使用,是军民两用卫星。后来德国又发射了 TerraSAR-X 的姊妹星"陆地合成孔雷达附加数字高程测量-X(TanDEM-X)",它们可以一起编队飞行(见图 2-24)。TerraSAR-X 有一个长长伸出去的"拐杖",那其实是它的 X 频段数据传输天线,这样设计的原因是它的探测雷达也工作在 X 频段,二者离得太近就会相互干扰。

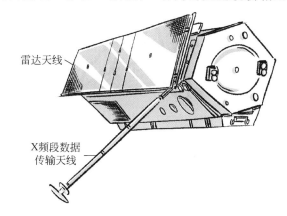

图 2-23 TerraSAR-X 卫星

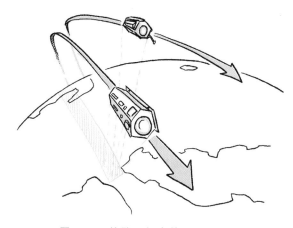

图 2-24 编队飞行中的 TanDEM-X

以色列的系列侦察卫星名字叫作"地平线",其中多数是光学成像侦察卫星,不过"地平线-8(Ofeq-8)"(见图 2-25)和"地平线-10"都是雷达侦察卫星。"地平线-8"卫星好似一把在太空中反着撑开的雨伞,那把"伞"就是它的雷达天线。

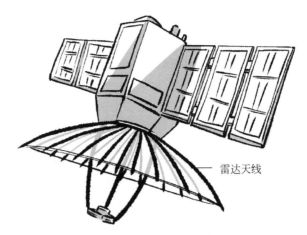

雷达天线

图 2-25　Ofeq-8 卫星

　　几乎所有雷达卫星都使用了相控阵天线,这是识别 SAR 卫星的一个关键特征。相控阵天线看上去就像一块很大的平板,这是它和多数通信卫星的主要区别。通信卫星一般使用抛物面天线,而且通常会有多副。以色列的 SAR 卫星是一个特例,它使用的也是抛物面天线,所以容易和通信卫星混淆,不过它只有一副天线,构型非常独特。

2.7　气象卫星

　　气象卫星按理说应该属于对地观测卫星,但是因为它是世界上应用最广泛的卫星类型,对现代人类社会产生的影响极大,所以就把它独立作为一个门类。气象卫星的任务是从太空中对地球和大气层进行观测,帮助人们预测天气。我们每天观看天气预报,其中总有那么一句"根据卫星云图",这里所说的卫星指的就是气象卫星。卫星要预报天气,就需要搭载具有各种不同探测能力的传感器,最常见的有可见光、红外和微波辐射三类探测器。借助这些仪器就可以探测地球的风云雨雪、闪电以及火山爆发。经过半个多世纪的发展,人类已经发射过一百多颗不同类型的气象卫星,这些卫星组成了一个几乎无缝的地球气象观测网。气象研究部门借助气象卫星获取连续且覆盖全球的大气运动数据,据此做出精确的气象预报,改变了我们每个人的生活方式。

美国是世界上最早发射气象卫星的国家，技术水平也最高。GOES 是美国国家海洋和大气管理局（NOAA）所属"地球静止轨道气象卫星"项目的缩写，这个系列中最新的一颗卫星代号为 GOES-16，于 2016 年 11 月发射升空，号称是世界上最先进的气象卫星，单颗卫星的造价接近 30 亿美元，实在令人咋舌。

美国国家海洋和大气管理局（National Oceanic and Atmospheric Administration，NOAA）是隶属于美国商务部的科技部门，在中国虽然不如 NASA 那样知名，但其实有很多航天项目是由 NOAA 主导的。NOAA 主要关注地球的大气和海洋变化，提供对灾害天气的预警，提供海图和空图，管理对海洋和沿海资源的利用和保护活动，研究如何进行对环境的了解和防护。NOAA 除了文职人员外，还有一个 300 人的军官队，为 NOAA 麾下的飞机、船只、车辆执行驾驶与管理等任务。NOAA 的军官队是美国政府里七个必须穿军装的单位，指挥官军衔等同于海军二星少将。

图 2-26 标明了 GOES-16 卫星搭载的各种探测器，图中最下方就是卫星上最昂贵的、一台叫作先进基线成像仪的设备。它的灵敏度极高，使得 GOES-16 卫星的分辨率达到了之前同系列卫星的四倍。

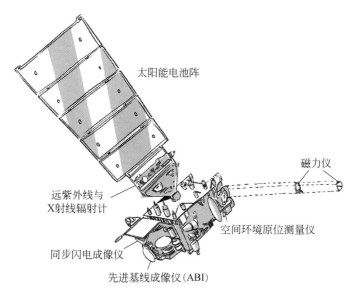

图 2-26　GOES-16 卫星

中国的气象卫星系列叫作"风云",其中编号为奇数的是太阳同步轨道卫星(这种轨道最主要的特点是卫星经过地面同一个点时,都是相同的地方,这意味着每次经过同一个地点时,光照条件都相同,所以非常适合对地成像),比如"风云3A号"卫星。编号为偶数的是地球同步轨道卫星(这种轨道的主要特点是卫星相对于地球静止,距离地球非常远,所以可以覆盖范围非常大的地球表面),比如"风云4号"卫星。

气象卫星有一个非常显著的特点,就是在构型上通常都只有一个太阳电池阵。这乍看上去是一种奇怪的设计方案,因为一般来说,卫星都会采用对称性的设计,这有助于控制系统保持卫星姿态稳定。气象卫星这样设计的原因在于用来探测地球大气层的红外传感器对温度变化非常敏感,需要对它进行降温以便降低噪声影响。但阳光照到太阳能电池阵上时,会反光,产生红外辐射,影响红外传感器正常工作。由于这一效应无法避免,所以只好采用单太阳电池阵设计,看上去好似断臂的维纳斯。

2.8 看图识星的要领

我们来总结一下,分辨不同种类的卫星,主要是根据有效载荷来判别。通信卫星最典型的特征是巨大的太阳电池阵和多副大口径的通信天线;导航卫星看起来就像一个刺猬;而气象卫星由于通常采用单太阳电池阵设计,看起来像断臂维纳斯。对地观测卫星数量众多,其中的光学遥感卫星通常身材修长,并且有一个很大的光学镜头;而雷达遥感卫星则通常会有一副平板相控阵天线,看上去像一个长着翅膀的多边形盒子。知道了这些看图识星的诀窍,再多看看世界各国的卫星图片,你也能成为这方面的半个专家。

参考文献

[1] 维基百科[EB/OL]. https://en. wikipedia. org/wiki/Satellite.

[2] 胡其正,杨芳. 宇航概论[M]. 北京:中国科学技术出版社,2010.

[3] Intelsat 36[EB/OL]. http://www. sslmda. com/html/satexp/intelsat_36. html. [2020-12-30].

[4] Intelsat 36[EB/OL]. https://spaceflight101. com/ariane-5-va232/intelsat-36/. [2020-12-30].

[5] Lacrosse(satellite)[EB/OL]. https://alchetron. com/Lacrosse-(satellite).

第 **3** 章　诸神的狂欢
——希腊神话与火箭命名

整个宇宙是一个联邦，上帝和人类都是它的成员。

——西塞罗（古罗马政治家）

3.1　万物本无名

有一部叫作《火星救援》的科幻片,电影里一支火星科考队乘坐"阿瑞斯 3 号"宇宙飞船抵达火星。谁知一场破坏力极其巨大的风暴突然袭来,"阿瑞斯 3 号"匆忙撤离,被迫把航天员马克·沃特尼留到火星上。出乎意料的是,马克·沃特尼居然活了下来,他在火星上积极自救并与地球取得联系,地球上的祖国自然也想尽办法试着营救他。电影中有一个有趣的情节,当 NASA 的救援飞船发射失利后,中国国家航天局伸出援手,提供了自己原本计划用于发射太阳观测卫星的推进器用于救援行动。不过,在电影里这个中国推进器的名字叫作"太阳神",这个细节其实并不完美,显然编剧并不了解中国文化和中国航天。中国的火箭或者飞船以前没有,今后也不大可能用"太阳神"这个名字。众所周知,中国的系列运载火箭多数命名为"长征",这象征着中国的火箭事业要像长征那样,克服一切艰难险阻,到达胜利彼岸。

"长征"系列运载火箭起步于 20 世纪 60 年代,自发射"东方红一号"卫星的"长征一号"火箭开始,已经拥有退役、现役共计 4 代、17 种型号。现在大家一听到长征这个名字,就能联想到现代中国,这个名字本身又寓意丰富,宇宙浩渺,太空旅程遥远又充满未知。除"长征"系列火箭之外,我国还发展了一些新的火箭型号,但种类不多。比如"快舟"火箭,它是一种固体运载火箭,主要用来发射微小卫星。

世界各航天大国都已经发展了成系列的运载火箭。这些火箭不仅本领各异,还有着千奇百怪的名字,具有鲜明的文化特色,背后往往有着许多有趣的故事。

万物本无名,大海、河流、山川本来与人类并无关系,但是当它们有了名字,这一切就有了意义。当宇宙中的星辰大海慢慢都有了名字,人类探索宇宙的本领也就越来越强。当人类不满足于仅仅仰望星空而试着进入太空时,首先要解决的就是火箭的问题。我们需要一种工具,它能够安全地加速到第一宇宙速度,从而脱离地球引力。做这件事需要很多人一起合作,那总得给这个火箭起个名字。

当过父母、给孩子起过名字的朋友会知道起个好名字挺不容易。好名字要琅琅上口,让大家容易记住。名字寄托着父母对孩子的期许,名字的背后常常还带着家族传承的痕迹。一些特别的名字本身也许来源于一个神话故事,或是取自神话传说人物,或是取自某些极有意义的重大事件。在互联网时代,名字就更重要了。有的公司几乎没做什么特别的事,仅仅取了个好名字就成功了大半。中西方文化差异极大,但在给事物命名这件事上,大家都无比重视。谁拥有命名的权利,使用什么样的名字,常常要经历极复杂的过程才能最后确定。在给火箭命名这件事上,故事尤其有趣。

3.2　复仇的 V2 火箭

众所周知,德国 V2 火箭是世界上所有现代火箭的鼻祖。V2 火箭严格说来相当于现代的导弹武器,并不属于运载火箭。这项工程开始于二战期间的 1940 年,"V"这个名字来源于德文单词"Vergeltung",意思是"报复"。当时盟军对德国本土狂轰滥炸,纳粹德国希望通过研制这种新型武器,远距离、昼夜不停地攻击目标。V2 项目的前身是 V1,是一种飞行炸弹,由于速度慢、高度低、容易被拦截,所以效果很差。因此,鼎鼎大名的冯·布劳恩(见图 3-1)率领一个科研团队开始研制这种恐怖的复仇武器。事实上,V2 火箭的确给伦敦造成了巨大的伤亡和恐慌。追本溯源,V2 项目又源于 A 系列火箭,也是由冯·布劳恩主持,称得上是世界上第一种实用弹道导弹。

图 3-1　冯·布劳恩站在"土星 5 号"火箭 F-1 前[1]

二战德国战败后，被苏军和美军占领。美国人发现了地处德国中部哈尔茨山地下60m处的秘密兵工厂，拉走了剩余的100余枚V2火箭。更重要的是，美国人得到了冯·布劳恩。二战后，冯·布劳恩为美国运载火箭研制、"阿波罗"登月计划乃至航天飞机的发展做出了巨大贡献。苏联人则获得了大量的V2火箭设计图纸，自然当成宝贝，全部运回国内，在日后的航天计划中发挥了巨大作用。

3.3 诸神的狂欢——欧美火箭的命名

说到火箭，人们肯定是希望它力大无比，能够把更大的航天器送入轨道。所以取名字时，美国人非常喜欢用和力量有关的神祇给火箭命名，比如大力神（Titan）、宇宙神（Atlas）、雷神（Thor）。

美国的第一代火箭叫作"雷神"，技术上同样源自战略导弹。雷神（见图3-2）真是

图 3-2　神话故事中的雷神 [2]

（Mårten Eskil Winge 绘制）

欧美作家的最爱,有无数的漫画、科幻小说、游戏以他命名。不过雷神其实不属于希腊和罗马神族,他在北欧神话中是负责掌管战争与农业的神。每当雷雨交加时,雷神就乘坐马车出来巡视。他的力量相当巨大,在神话中他可以独自挑战巨人群,手持一把叫作"妙尔尼尔(Mjolnir)"的雷神之锤作为自己的武器。想象一下火箭发射时的地动山摇,雷神这个名字非常贴切。最早的"雷神"火箭其实是美国空军的一种地-地中程导弹,后来发展成系列运载火箭。之后又在它的上一级(第四级)基础上发展出"德尔塔(Delta)"等很多型号,成为世界上成员最多、改型最快的运载火箭系列。

从"雷神"火箭发展出的"德尔塔"火箭系列,在中国常被翻译为"三角洲"火箭,这其实是误译。虽然"Delta"的确有三角洲的意思,但这个词被用来给火箭命名其实是由于它脱胎于"雷神"火箭的第四级,而"Delta"是希腊文的第四个字母。"三角洲"这个名字多用于美国陆军三角洲特种部队(Delta Force),但实际上也是误译。这支部队的正式名称是"美国陆军特种部队第一特种作战分遣队(1st Special Forces Operational Detachment-Delta,SFOD-D)",俗称"D部队",这里的Delta其实是指第四个,而不是指三角洲。至于为什么称其为D部队,这是因为美国陆军特种部队(绿色贝雷帽)的常规编制在大队之下有A、B、C三级,而三角洲特种部队并不隶属于陆军特种部队,所以称为D队。"雷神"火箭的第四级被叫作"Delta"就很合乎美国人的逻辑。

"大力神(泰坦,Titan)"火箭也是以同名的洲际导弹为基础研制的。美国主要将其用于发射各种军用卫星,现在已经退出舞台,成为历史。泰坦在希腊神话中是大地之子,无惧天地,无惧战争,所以"泰坦精神"代表着勇往直前。泰坦实际上是一个神族,一共有12个神,有男有女,他们都是天穹之神乌拉诺斯和大地女神盖娅的子女,统治着宇宙,后来被宙斯家族推翻。不广为人知的另一个故事是,著名的"泰坦尼克号(Titanic)"其实也是用Titan命名,只不过加上了白星航运公司的习惯性后缀——"ic"。在史前恐龙时代,体型最大的恐龙也被命名为"泰坦龙"。

土星及其卫星

土星是太阳系第二大行星,拥有62颗已经确定轨道的卫星,其中52颗已经被命名。土星的卫星系统是太阳系中最多样化的,还有很多小卫星位于土星环中。土星卫星的名字大多源自希腊神话或者北欧神话中的各位神灵或者巨人,如土卫三(Tethys)、土卫五(Rhea)、土卫七(Hyperion)、土卫八(Iapetus)、土卫九(Phoebe)、土卫十九(Ymir)、土卫四十一(Fenrir)等。土卫六名字叫作 Titan，它是太阳系第二大卫星，有类似地球的大气层以及成分为液态碳氢化合物的湖泊、河流和降雨。而土卫二(Enceladus)的南极地区底下很可能有液态水。

　　"宇宙神"火箭是洛克希德·马丁公司研制的一款液体火箭。"宇宙神(Atlas)"有时候也译作"擎天神"，同样属于泰坦神族。Atlas 因为反抗宙斯失败，被宙斯降罪，罚他在世界最西端用头和双肩支撑苍天，用他给火箭命名让我们不禁拍手称绝。巧合的是，现在请你摸一下自己颈椎的最上端，支撑头颅的第一层颈椎学名叫作寰椎，它的英文名称也叫 Atlas。大西洋(Atlantic)这个名字其实也来自于 Atlas，是 Atlas 的形容词，意思是"巨大无比的"。在罗马，有一些建筑物的底座雕刻着 Atlas 的头像，如果你看过一些欧洲的老地图册，在内封也常常会看到 Atlas 的画像，同样是借用他支撑世界这个寓意。

　　"土星(Saturn)"火箭可以说是火箭里的巨无霸，也是最知名的火箭之一。看这个名字，有些朋友会误以为是用太阳系的行星给它命名，其实，这还是用希腊神的名字。"土星"火箭是 NASA 专门为"阿波罗"计划和天空实验室计划研制的多级液体火箭，同时也是世界上唯一成功的登月火箭(见图 3-3)。Saturn 是罗马神话中的农神，在希腊

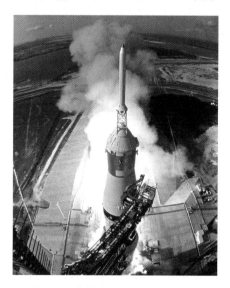

图 3-3　"土星 5 号"火箭发射"阿波罗 11 号"登月飞船[3]

神话中是宙斯的父亲,主司大地与时光。太阳系第二大行星和星期六都是用他的名字命名的。

"土星5号"大约从1962年开始研制,1967年首飞,一共发射了17次,成功率为100％,设计师就是大名鼎鼎的冯·布劳恩。直至今天,"土星5号"仍然是人类历史上真正投入使用的、自重最大的运载火箭,它高达110.6m,直径为10.1m,起飞重量达3038.5t,总推力达3408t(仅次于苏联"能源号"运载火箭),月球轨道运载能力为45t,近地轨道运载能力为118t。这些数据看起来有些枯燥,这样说吧,"土星5号"火箭几乎相当于三座人民英雄纪念碑那么高,比自由女神像加上底座还要高不少。3038.5t的起飞重量有多夸张呢？中国海军的第一艘国产驱逐舰051型的排水量为3000t,"土星5号"相当于可以把这样一艘驱逐舰推离地面。

曾有传说"土星5号"的设计蓝图被NASA在一次大扫除中丢失,不过后来NASA辟谣说并无此事,蓝图现在还好好地保存在马歇尔航天中心的缩微胶片上。

"土星5号"火箭蓝图丢失事件

"土星5号"火箭蓝图已丢失的说法最早来自于1996年出版的、一本名为 Mining the Sky 的书籍。作者 John Lewis 宣称他寻找了很多年"土星5号"火箭的设计图纸,但是没有找到。后来,美国宇航局监察长办公室的 Paul Shawcross 辟谣说,这些图纸还好好地保存在马歇尔航天中心的缩微胶片

上。"土星5号"火箭由多个承包商分工协作,分头设计制造。NASA 马歇尔航天中心保存的很可能只是火箭的总体设计文件,通常不会涉及它们制造的细节。当然,几十年前的火箭很多技术都已经过时,即使这些资料都在,也并没有必要重新复刻一枚"土星5号"。

除了这些功勋火箭,近些年最"火"的火箭就是私营商业公司 Space-X 研制的"猎鹰(Falcon)"火箭家族。"猎鹰"这个名字并不是源自神话故事,而是 Space-X 在向《星球大战》系列电影中的"千年隼号(Millennium Falcon)"飞船致敬。"千年隼号"因为《星球大战》而成名,它在《星球大战》中多次出现。因为曾被多次改装,"千年隼号"的速度和

防护能力都特别强,能够以亚光速飞行,是一艘传奇的飞船,BBC 曾称其为这个宇宙中最著名的飞船。Space-X 以"猎鹰"为自己的火箭家族命名,自然也是期待它能够一鸣惊人(见图 3-4)。事实上"猎鹰"火箭的确非常先进,而且 Space-X 的最终目标是让火箭能够完全可重复使用,这样一来可以大大降低航天发射的成本,推动商业航天的快速发展。

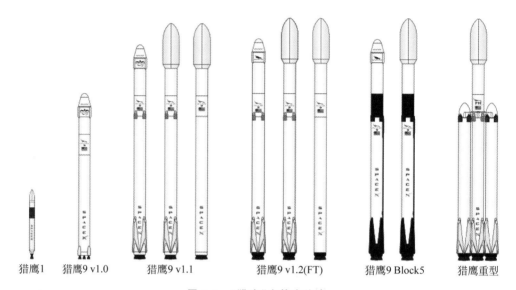

猎鹰1　　猎鹰9 v1.0　　猎鹰9 v1.1　　猎鹰9 v1.2(FT)　　猎鹰9 Block5　　猎鹰重型

图 3-4　"猎鹰"火箭家族[4]

(作者:Lucabon,遵循 CC BY-SA 4.0 协议)

　　说完美国的火箭,再来看欧洲。因为二战,战后的欧洲工业基础被破坏得很厉害,另外由于欧洲在政治上和美国结盟,所以整体上发展火箭技术的需求并不迫切,技术相对落后。最初欧洲研发了"欧罗巴(Europa)"火箭,"Europa"是欧洲(Europe)得名的由来,当时欧洲以此命名这个型号的火箭,可见对它有多么高的期待。

　　欧罗巴是希腊神话中的腓尼基公主,异常聪明美丽,连宙斯都被她倾倒。于是宙斯让自己的儿子、畜牧之神赫尔墨斯(Hermes)在山坡上放牛(一个知名的奢侈品牌也以他为名,就是"爱马仕"),而宙斯自己变成白色的公牛来引诱欧罗巴。欧罗巴果然中计,被漂亮的白牛吸引,骑上了白牛。结果欧罗巴被骗到了克里特岛,成为宙斯的妻子[5]。正因为如此,离克里特岛不远的大陆便被称为"欧罗巴"。西方很多画家以此为题材进行创作,比如伦勃朗的《欧罗巴被诱拐》(见图 3-5)。

图 3-5　伦勃朗的作品《欧罗巴被诱拐》[6]

另外,"欧罗巴"还是木星的第二颗卫星的名字。木卫二比月球略小而且拥有大气层,据推测,它是太阳系中最有希望存在生命的地方。可惜的是,"欧罗巴"火箭和神话传说中的腓尼基公主一样命运多舛,第一次发射就遭遇失败,计划终止,后来被"阿丽亚娜"火箭取代。

1973 年,欧洲空间组织决定研制一种大型运载火箭,并命名为"阿丽亚娜(Ariane)"。Ariane 是法文,对应的英文词是"Ariadne",一般翻译为"阿里阿德涅"。在古希腊神话中,阿丽亚娜是克里特岛国王迈诺斯的女儿。迈诺斯的妻子帕西法厄生了一个牛头人身的怪物,也就是米诺陶(Minotaur)。迈诺斯把它幽禁在一座迷宫里,命令雅典人民每年进贡七对童男童女喂养它。雅典王子忒修斯(Theseus)发誓要为民除害,他领着童男童女上了克里特岛。最后借助阿丽亚娜给他的线球和魔刀,忒修斯杀死了这个怪物,并沿着来时绑好的线顺利走出了迷宫。在巴黎市的一个公园里就有一座雕塑,展现了当时忒修斯和米诺陶搏斗的场景(见图 3-6)。

法国女孩很喜欢用"阿丽亚娜"这个名字,她又是帮助王子走出迷宫的助手,用来给火箭命名非常贴切。因为"阿丽亚娜"火箭最早是法国研制的,所以名字就是"Ariane"而不是"Ariadne"。"阿丽亚娜"火箭有时候还被翻译成"阿里安",从英语到法语再到汉语,由于多次转译的原因,往往大家就搞不清楚原来这个名字背后有这么多有趣的故事。阿丽亚娜帮助雅典王子忒修斯走出了迷宫,他们一起乘船逃离克里特岛。当他们抵达纳克索斯岛后,计划在这里定居,白头偕老。可是忒修斯忽然梦见了

图 3-6　巴黎市中忒修斯杀死米诺陶的雕塑[7]

酒神巴克科斯，酒神声称阿丽亚娜跟他早就订了婚。他威胁忒修斯，如果不把阿丽亚娜留下来，就降下灾难。被吓到的忒修斯第二天不辞而别，抛弃了阿丽亚娜，让心碎的公主流尽了眼泪。正因为有这样的神话故事，2002 年"阿丽亚娜 5 型"火箭发射失败后，欧洲媒体就以《阿丽亚娜的眼泪》为题报道该新闻。如果你不知道这段背后的故事，就无法体会到这个标题的深刻寓意。

　　前面说到的火箭都是液体火箭，当然燃料并不相同，有液氧煤油，也有液氢液氧。美国还有一个仍然在使用的固体火箭，就叫作"米诺陶"，得名于克里特岛迷宫里那个牛头人身的怪物。

3.4　冷战的味道——苏联火箭的命名

　　苏联最著名的火箭是"联盟号"，最早叫作 R-7，它就是把 Sputnik-1 送入轨道的首枚运载火箭。R-7 这个名字一看就是为了保密起的代号，是冷战时代的产物。实际上它确实是脱胎于洲际导弹，之后逐渐发展起来的联盟系列火箭是世界上使用最频繁的火箭。联盟系列火箭的所有型号加起来已经发射了 1700 多次发射，成熟度和可靠性非常高。

　　苏联时代，给火箭命名确实比较偷懒，喜欢用火箭的载荷给火箭命名，这样当然很省事。比如"质子号"火箭,也就是 UD 系列火箭,因为第一次使用是用来发射"质子一号"卫星,所以火箭也就以此得名。"质子号"火箭 1965 年首次投入使用,是现在俄罗斯最大的运载火箭。著名的"能源号"火箭原来是被设计用来运载苏联"暴风雪号"航天飞机的,它的近地轨道运输能力达到 105t,绝对是一个巨无霸,可惜最后也因为经费不足而"下马"。其他火箭还有"东方号""起飞号""旋风号""天顶号"助推器等,也多是用第一次发射时搭载的卫星名字命名的。

再往后,到俄罗斯时代,航天工业的规模和发展速度已经和苏联时代完全无法比拟。在火箭命名方面,俄罗斯时代的一个显著变化是开始用地名给火箭命名,其中最知名的就是正在发展的"安加拉(Ангара)"火箭家族。

"安加拉"运载火箭是苏联解体后俄罗斯重新研制的一种商业发射用途的火箭。"安加拉"火箭的命名源自于西伯利亚东南部的安加拉河,安加拉河是从贝加尔湖流出的唯一的河流。安加拉河不算太长,它流经中西伯利亚高原的南部,最后注入叶尼塞河。由于贝加尔湖实在太大,即使没有其他河流注入,只靠安加拉河需要 40 年时间才能把贝加尔湖流干。贝加尔湖和这两条河的名字来自于俄罗斯的一个美丽传说。贝加尔是湖边的一个勇士,安加拉是他美丽的女儿,据说安加拉爱上了一位叫作叶尼塞的青年,但是她的父亲不同意,最后安加拉乘其父熟睡时,和叶尼塞悄悄逃走。

从苏联和俄罗斯给火箭的命名就可以看出,虽然俄罗斯民族也属于西方文化体系,但他们受到希腊神话的影响就要小很多。虽然在人种和文化上基本同源,但表现出和其他欧美国家非常不同的特征。

3.5　其他国家的火箭命名

相比较而言,日本和印度等国家给火箭的命名就比较简单。日本的火箭基本按照字母顺序命名,比如早期的 K 系列、L 系列、M 系列,一直到现在使用的 H 系列主力火箭。日本火箭的这种命名方式和这个民族比较追求细节和严谨的特质有某些关系。

另一个航天大国印度,他们的火箭基本是按照功能命名的,比如极轨卫星运载火箭、地球静止轨道卫星运载火箭等。这个命名习惯和苏联有些类似,事实上,印度航天的确受到苏联的很大影响。

3.6 神话与航天

从火箭命名历史中,可以显著观察到人类社会、世界各国之间的巨大差异。虽然科学原理都完全相同,但各国火箭的命名方式千差万别。这些不同的火箭名字背后,其实是不同的历史和不同的文化所造就的思维习惯。比如希腊神话,只要你略微熟悉其中一些神话人物,就常常会在欧美文化中偶遇他们,是一种有趣的体验。希腊神话是系统性和故事性非常强的完整体系,很多传说都是非常好的文学作品。希腊神话中的神祇地位远远超过人类,可以有"神二代",但人不大可能变成神。

在中国的神话体系中,更强调实用性,会事无巨细地记录细节,但并不十分关心故事性。中国神话传说中,神可以是凡人修行而成,人和神的界限不明显,而且人可以和神一竞高下。后羿射日、夸父逐日的传说就是典型,而这在希腊神话体系中非常少见。中国人这种与大自然搏斗、与神竞争,试图征服和左右自然的独特文化特质在全世界都是罕见的。细究起来,这些表象的差异背后又都有复杂的地理、气候、经济模式和文明发展的因素。

一部世界火箭的命名史,同样也是一部精彩纷呈的文明史。

参考文献

[1] Wernher von Braun [EB/OL]. https://en. wikipedia. org/wiki/Wernher_von_Braun.

[2] Thor[EB/OL]. https://en. wikipedia. org/wiki/Thor.

[3] Launch of Apollo 11[EB/OL]. https://www. nasa. gov/content/launch-of-apollo-11. 2014-07-16 [2020-12-30].

[4] SpaceX launch vehicles[EB/OL]. https://en. wikipedia. org/wiki/SpaceX_launch_vehicles.

[5] [俄]尼・库恩. 希腊神话[M]. 朱志顺,译. 上海:上海译文出版社,2006.

[6] The Abduction of Europa[EB/OL]. https://en. wikipedia. org/wiki/The_Abduction_of_Europa_ (Rembrandt).

[7] Minotaur[EB/OL]. https://en. wikipedia. org/wiki/Minotaur.

第 4 章　人与神的对话
——航天器的命名

宇宙中最不可思议的事情，就是宇宙竟然是可以理解的。

——阿尔伯特·爱因斯坦（美国科学家）

4.1　引子

第 3 章讲了火箭的命名,其中有不少火箭的名字来源于其搭载的航天器。那么航天器的名字又是如何确定的呢?不同国家的航天计划和航天器有着千奇百怪的名字,但都自带鲜明的文化特色,背后有着许多有趣的故事。航天器的名字来源非常繁杂,让我们先从科幻电影中的航天器说起。

4.2　科幻电影中的航天器

探索神秘的太空是科幻小说和科幻电影的永恒主题,各种能力超强的探测器和飞船是科幻作品中的重要元素。这些虚构出来的航天器不仅吸引了许多青少年,而且对现实中的航天也产生了影响。例如之前讲到的,Space-X 公司将自己的系列火箭命名为"猎鹰(Falcon)",正是以此向《星球大战》中的"千年隼号"飞船致敬。

对现实社会产生最大影响的科幻作品很可能是 1968 年上映的电影《2001 太空漫游》(2001:A Space Odyssey)。这部太空史诗级的科幻电影由大导演斯坦利·库布里克执导,根据科幻小说家阿瑟·克拉克的同名小说改编。1968 年正是冷战时期,美苏全力争夺航天领域的领先地位,肯尼迪总统声称美国要在 20 世纪 60 年代把美国人送上月球。

影片讲述了在 2001 年,人类发现某种神秘的黑石在宇宙中多次出现,为了探寻黑石的秘密,决定开展一项木星登陆计划。大卫·鲍曼船长和航天员普尔以及另外三名在飞船上冬眠的航天员向木卫一飞去。没想到在旅途中,他们乘坐的"发现号"飞船(Discovery One)上具有人工智能的超级电脑"哈尔(HAL9000)"出现问题,杀死了普尔和三名冬眠中的航天员,并试图把大卫关在飞船之外。大卫·鲍曼冒着患上减压病的危险通过紧急密封舱进入飞船,设法关闭了超级电脑哈尔。此时孤独的大卫和"发现号"已经来到木卫一,他在木星轨道上也发现了神秘的黑石。试着接近黑石的大卫突然高速穿越一条五彩斑斓的时空隧道,最后进入一间风格古朴、华丽的卧室。大卫迅速老去,在他垂死之际,黑石再次出现,把他变成一个透明光晕中的婴孩,凝视着广阔浩渺的宇宙,等待着未知的新生。电影促使人类开始思考,渺小的自己如何与广袤宇宙相处? 生命的起点在哪里,终点又在何处? 有限的生命如何探究无限宇宙的秘密,探索那终极的意义?

五十余年过去,这部电影仍然在广泛影响着人类社会,以至于被誉为最伟大的科幻片。"阿波罗"登月计划的一名航天员在踏上月球土地后,说了一句"just like that movie",就是在向这部电影致敬;在国际空间站,和影片中一样,"蓝色多瑙河"曾被选为叫醒航天员的音乐;2001 年,NASA 把自己的一个火星探测器命名为"2001 火星奥德赛";美国苹果公司在 2001 年用电影中的小飞船 EVA Pod 给自己的 MP3 播放器命名为 iPod;而电影中出现的具有人工智能的超级电脑哈尔、声纹登录、餐桌上的电视机、视频电话等今天已经部分变成了现实。可惜的是,电影中构想的月球基地、行星际载人航天等仍然是遥远的目标。

电影中飞船的名字叫作"发现号(Discovery One)",这个名字来源于英国民族英雄罗伯特·福尔肯·斯科特(Robert Falcon Scott)乘坐的南极科考船 RRS Discovery 号("Falcon"这个名字再次出现)。1901 年,斯科特乘坐这艘船首次出发,进行南极探险。阿瑟·克拉克也曾经在这艘船停靠伦敦时登船访问。很多年之后,美国的第三艘航天飞机也用"发现号(Space Shuttle Discovery)"命名,它于 2011 年退役。

阿瑟·克拉克后来又写了续作《2010:太空漫游》,讲述木星任务失败后,"发现号"太空船即将坠毁在木星上,美苏联合前往救援的故事。有趣的是,当救援队抵达木星,意外发现一艘停泊在木卫二"欧罗巴"轨道上的中国飞船,这艘中国飞船的名字就叫作"钱学森号",阿瑟·克拉克通过这种方式向中国航天的奠基人钱学森致敬。而现实中的中国航天器很少用真实的人名来命名,这个情况直到 2016 年 8 月 16 日才有了改变,那一天中国发射了以古代科学家墨子的名字命名的世界首颗量子科学实验卫星。墨子最早提出了光线沿直线传播的观点,并进行了小孔成像实验,以他命名是为了纪念他早期在物理光学方面的成就。实际上,这是中国第一次用科学家名字为航天器命名,也是中国卫星命名的一个重大突破。2018 年 2 月 2 日,中国发射了自己的第一颗电磁监测试验卫星,主要用来研究地震机理。这颗卫星被命名为"张衡一号",以纪念中国古代科技代表人物张衡在地震观测方面的杰出贡献。

自 1957 年人类发射第一颗人造卫星以来,截至 2018 年年底,已经有 8066 个航天器被送入太空。航天器这个名词是个专业的术语，包括人造卫星、载人及货运航天器和空间探测器三种类型。举例来说，大家熟知的中国第一个航天器"东方红一号"卫星就是人造卫星，"神舟"飞船属于载人航天器，而"嫦娥一号"则属于空间探测器。这八千多个航天器中，各种人造卫星占了绝大多数，总数大约为 7 300；载人及货运航天器有 500 多个，各种空间探测器约有 200 个。这些航天器主要是美国、俄罗斯、中国、欧洲、日本等几个航天大国或地区研制的。它们的名字多姿多彩，有像"阿波罗"这样用希腊神话中神的名字命名的；也有用伽利略这样的历史名人命名的；还有许多航天器就简单采用其功能或者用途的缩写，比如鼎鼎大名的美国 GPS 系统，其实就是"全球定位系统"(Global Positioning Satellite System)的英文缩写。

4.3 革命与工业化的主旋律——苏联/俄罗斯航天器的命名

人类第一颗人造卫星叫作 Sputnik，是苏联在 1957 年发射成功的，标志着人类航天时代的开端。苏联不仅最早发射卫星，在人类发射入轨的所有航天器中，苏联/俄罗斯的数量也最多，达到 3465 个，稳稳占据半壁江山。Sputnik 在俄语中写作 Спутник-1，本意是"旅行者"，后来的意思就是"卫星"。这相当于没起名字，好比一辆汽车名字就叫"汽车"。但是你要想到这是人类制造的第一颗人造卫星，这么独一无二的名字也当之无愧。苏联人就用这个名字孤傲地向世界宣布了自己在太空探索上的领先地位。苏联/俄罗斯给火箭和航天器起的名字往往都带着满满的工业气息，听上去有点革命的味道。

苏联/俄罗斯的通信广播卫星种类特别多，有"天箭座(Strela)""闪电(Molniya)""虹(Raduga)""地平线(Gorizont)""急流(Potok)""射线(Loutch)""信使(Gonets)""航向(Gals)""快讯(Express)""荧光屏(Ekran)""子午线(Meridian)"。这些名字起的都很形象。比如"荧光屏"卫星，一听名字就能猜出来这应该是一颗电视广播卫星。"闪电"这个名字也很贴切，因为它工作的"闪电轨道"非常特殊，运行一圈大约 2/3 时间在北半球，速度很慢；在南半球时速度很快，好似闪电。天箭座是天上第三小的星座，除了南极地区之外，在地球任何地方都可见到，以它命名的"天箭座"卫星是苏联时代研发成功的一种低轨军用通信卫星,第一代"天箭座"卫星才重50kg,这个名字名副其实。

苏联/俄罗斯的对地观测卫星数量就更多了,名字起得也都挺形象。比如,"眼睛(Oko)"是一种大椭圆轨道导弹预警卫星,"流星(Metor)"是一种极轨气象卫星,"琥珀(Yantar)"则是一种光学成像侦察卫星。除此之外还有"海洋""资源"系列,顾名思义,它们都是对地观测卫星。"阿拉克斯(Araks)"是俄罗斯时代的传输型成像普查卫星,它是用高加索地区一条河流命名的,这和之前讲到的安加拉火箭的命名方法类似。苏联解体后,俄罗斯开始更多地用地名给航天器命名。

苏联/俄罗斯的导航卫星系统叫作GLONASS,中文翻译为"格洛纳斯"。其实这个名字和GPS一样,就是英语中全球导航卫星系统(Global Navigation Satellite System)的缩写,本身并无特别意义。苏联从20世纪50年代就开始进行空间探测,当年和美国"玩命"竞争登月,一共发射过60多个月球探测器。此外,苏联还对金星、火星开展了探测活动,不过这些探测器的失败率特别高。这些探测器的名字都简单明了,比如月球探测器、金星探测器。令人惊讶的是有一个无人月球探测器系列,名字就叫作"探测器(Zond)",这个项目的负责人取名字也实在是太省事了。

苏联航天员加加林是第一个进入太空的人,他乘坐的飞船叫作"东方(Vostok)",从这个名字就可以看出当时以苏联和美国为代表的东西方竞争是何等激烈。苏联的第二代载人飞船叫作"上升(Voskhod)",第三代载人飞船叫作"联盟(Soyuz)"。在美国航天飞机"亚特兰蒂斯"号2011年退役之后,"联盟"飞船成为国际空间站唯一的载人天地往返运输工具,这也导致美国载人航天对俄罗斯非常依赖。在克里米亚事件之后,美国对俄罗斯发起了相当严厉的制裁,当时的俄罗斯副总理罗戈津淡然地表示,建议下次美国使用蹦床将航天员送上太空[1]。

1969年,苏联发现"登月竞争"中自己已经落后于美国,于是开始全力发展空间站,希望换个领域看看能否超越美国。终于苏联在1971年发射了世界上第一个空间站,取名"礼炮(Salyut)",其含义不言而喻。在"礼炮"号之后,苏联又发射了第三代空间站"和平"号,可惜刚开始运行没几年苏联就解体了。所以俄罗斯就推动全球合作,让世界各国来"和平"号做各种试验研究。"和平"对应的俄语单词是"Мир",它除了"和平"外还有另一个含义"世界"。"和平"号先后对接了5个实验舱,名字都是典型的苏联风格,如"量子""光谱""自然"等。

4.4 人与神的对话——美国航天器的命名

美国成功发射航天器的总数虽然比不上苏联加上俄罗斯，但是这些航天器的性能和产生的影响总体来说大于后者。而且NASA真的非常喜欢用古希腊或罗马神祇的名字或者科学家的名字给航天器命名，把这些航天器放在一起，好比人类与诸神在对话。

4.4.1 通信广播卫星的命名——朴素、形象

美国是全世界通信广播卫星发展最全面、技术水平最高、市场最成熟和应用最广泛的国家。截至2017年年底，全世界在轨运行的通信卫星一共有778颗，其中近一半属于美国，业务上覆盖了卫星固定通信、卫星移动通信、卫星广播、卫星宽带、卫星数据中继等所有系列，地理上实现全球覆盖，频率上全频段覆盖，军用和商业通信卫星系统发展非常平衡。要说卫星通信美国最牛，当之无愧。

不过要说起美国通信广播卫星的名字，它们不像火箭，都是一些朴素又形象的名字，基本上看了名字就知道是用作通信用途的。美国早期的通信试验卫星包括"斯科尔（SCORE）""回声（Echo）""信使（Courier）"等，SCORE其实就是"Signal Communication by Orbiting Relay Equipment"的缩写。军用通信卫星的名字起得都很朴素和直白，比如"舰队卫星通信系统（Fltsatcom）"是给美国海军用的；"跟踪与数据中继卫星系统（TDRSS）"用于提供数据中继服务；"特高频后继卫星（UFO）"是一种军用窄带移动通信卫星，因为和不明飞行物的缩写一样，所以常常闹出笑话。

商业通信卫星的名字起得就艺术多了。"铱星系统（Iridium）"是世界上第一个低轨道移动通信系统，可以覆盖全球。"铱星系统"的最初设计采用7条极地轨道，一共部署77颗卫星，与铱元素的电子数相同，所以命名为"铱"卫星系统，不过后来实施时方案改为6个轨道面、共66颗卫星。此外还有"天狼星（Sirius）""太空之路（Spaceway）""狂蓝（WildBlue）"，它们都是商业通信卫星，名字往往都来自所属的公司名称。

4.4.2　对地观测卫星的命名——风云雨雪与陆海空天

美国是世界上最早发展对地观测卫星的国家。冷战时期,美国开始使用高空侦察机 U2 对苏联开展军事侦察。当有了军事侦察卫星后,就不再需要飞行员冒着生命危险去做这件事了。最著名的军用光学侦察卫星叫作"锁眼(Keyhole)",现在已经发展到第 12 代。"锁眼"一直是一个相当神秘的卫星,据估计最新的 KH-12 卫星的地面分辨率能够达到 0.1m,为美军提供了大量情报。

NOAA 系列卫星是美国的民用气象卫星,名字来自于其所有者美国国家海洋与大气管理局的缩写。"雨云(Numbus)"是早期的试验气象卫星,"陆地卫星(Landsat)"顾名思义是民用陆地资源卫星,"海洋(Seasat)"则是专用的海洋卫星,"土(Terra)"卫星用于对地观测,"水(Aqua)"卫星的主要任务是观测地球上的水循环,"冰(Icesat)"卫星的目的是检测极地冰盖的变化,而"气(Aura)"卫星用来探测大气化学成分和动力学特征,"云(cloudsat)"卫星则用来研究云对气候和天气变化的影响。此外还有"长曲棍球(Lacrosse)"卫星,它是一种雷达成像侦察卫星,因为卫星形状特别长、类似曲棍球而得名。还有"快鸟(Quickbird)""地球眼(GeoEye)""世界观测(WorldView)"都是高分辨率的商业遥感卫星。这些不同用途的对地观测卫星组成了一个立体化的对地观测网络。

4.4.3　科学与技术试验卫星的命名——伟大的科学家

美国从 20 世纪 50 年代开始研制和发射了大量的科学与技术试验卫星,特别是从 20 世纪 90 年代开始,实施了四大空间天文台计划,取得了丰硕的成果,大大提高了人类对宇宙的认识。这些卫星的用途都是科学研究,所以美国人特别喜欢用科学家的名字来给它们命名。这一点很值得中国借鉴,这是国家能够给予科学家的至高荣耀,可以激励更多的青少年投身科学探索。

在四大空间天文台计划里,取得成果最多也最知名的就是"哈勃"空间望远镜(Hubble Space Telescope)。它是以美国天文学家埃德温-哈勃(Edwin Hubble)的名字命名的,主要任务是对太阳等各种天体进行近红外、可见光和紫外波段的观测。自1990 年发射后,"哈勃"空间望远镜(见图 4-1)已经在轨工作 30 年,拍摄了 90 多万张美丽的宇宙照片,解决了宇宙年龄等许多根本性的问题。

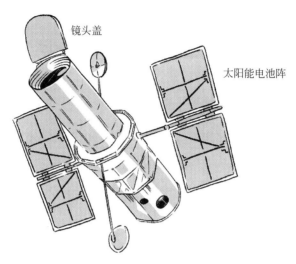

镜头盖

太阳能电池阵

图 4-1　"哈勃"空间望远镜

　　天文学家哈勃的人生相当传奇。他出生于律师家庭,不仅学习好,还特别喜欢体育。哈勃早年在芝加哥大学学习天文,但却是作为重量级拳击运动员而出名。后来他又在牛津大学学习法学,返回美国后当了一段时间的律师,之后才下定决心从事天文事业。一战时他参过军,官至少校,战后曾在德国驻扎,后来到美国加州的威尔逊天文台工作。威尔逊天文台有当时世界上最大口径(100in,相当于 2.54m)的反射望远镜,哈勃用它证明了许多所谓的星云(比如仙女座大星云)都是河外星系。后来哈勃提出了著名的哈勃定律,证明宇宙的确在不断地膨胀。这一系列开创性的成就让他成为明星级的科学家,被称为"星系天文学之父",当时诸多好莱坞明星要排队预约才能到威尔逊天文台一睹他的风采。非常可惜的是,1953 年哈勃因病逝世,错过了获得诺贝尔奖的机会,不过哈勃望远镜就是对他最好的纪念。

　　美国空间天文台计划的第二个项目叫作"康普顿"伽马射线天文台(Compton Gamma Ray Observatory,CGRO),是以美国著名物理学家康普顿的名字命名的,于1991 年发射,用于观测天体的伽马射线辐射,如图 4-2 所示。物理学家康普顿发现了以他名字命名的"康普顿效应",第一次从实验上证实了爱因斯坦提出的关于光子具有动量的假设,因此获得了1927年度诺贝尔物理学奖。

图4-2 "康普顿"伽马射线天文台

"钱德拉"X射线天文台(Chandra X-Ray Observatory,CXO)是美国空间天文台计划的第三个任务,如图4-3所示。它是以美籍印度裔天体物理学家、诺贝尔物理学奖获得者钱德拉-塞卡命名的。钱德拉-塞卡的故事特别传奇,他的父亲是印度高官,他可以说是"官二代",同时也是一名"学霸"。大学毕业后,他拿到了印度政府奖学金,乘船前往剑桥大学学习。他利用漫长的旅途开展研究工作,发现当恒星质量超过某一上限时,它的归宿并不是白矮星,这个上限就是钱德拉-塞卡极限。可惜的是他的理论当时并不被认可,论文甚至被天体物理学界的权威爱丁顿撕成两半。当时没有一位权威科

图4-3 "钱德拉"X射线天文台

学家愿意站出来支持钱德拉-塞卡。直到 30 年后,他的理论才得到了公认。又过了 20 年,他得到了诺贝尔奖,此时的钱德拉-塞卡已经是两鬓斑白的老者。

钱德拉-塞卡与爱丁顿

爱丁顿是钱德拉-塞卡的老师,当时爱丁顿是绝对权威,钱德拉-塞卡刚刚 24 岁。二人关于"白矮星"的争论直接导致钱德拉-塞卡无法在英国觅得教职,只好到美国另寻出路。国内曾经出版过钱德拉-塞卡的演讲集,名为《真与美:科学研究中的美学和动机》,书中钱德拉-塞卡依然给予爱丁顿高度评价。而在钱德拉-塞卡写给爱丁顿的讣告中,更是称赞他是仅次于施瓦西的最伟大的天文学家。

"斯皮策"空间望远镜(Spitzer Space Telescope,SST)是美国空间天文台计划的最后一台望远镜,于 2003 年发射升空,如图 4-4 所示。它是以美国天体物理学家莱曼·斯皮策的名字命名的。斯皮策在 20 世纪 60 年代就提出,可以把望远镜放入太空,这样就可以消除地球大气层的遮蔽效应,获得更好的观测结果。

图 4-4 "斯皮策"空间望远镜

除了这四大空间天文望远镜,还有用于太阳系外类地行星的"开普勒"探测器、用于研究伽马射线源的"费米"伽马射线空间望远镜,也都是用著名科学家的名字命名的。现在天文界最期待的就是计划于 2021 年发射的"詹姆斯-韦伯"空间望远镜(James Webb Space Telescope,JWST),它的主反射镜口径达到 6.5m,比"哈勃"望远镜的 2.4m

大了很多,重量却只有后者的一半。这个望远镜的主要任务是寻找宇宙的第一束光,调查作为大爆炸理论的残余红外线证据。詹姆斯-韦伯是 NASA 的第二任局长,在他的任内,包括"阿波罗"计划在内的一系列重要航天项目取得了显著成绩,为了纪念他,美国人把"哈勃"望远镜的继任者以他的名字命名。

4.4.4　空间探测器的命名——人与神的对话

美国是迄今为止唯一对太阳系内所有行星都开展过探测的国家,而且对太阳、彗星和星际空间做了大量的探测,已经实现了月球、火星、小行星和土卫六的着陆探测,在深空探测领域处于绝对领先地位。进入太空时代,人类探索太阳系的未知空间与过去的大航海时代何其相似,都是要冒着风险,"到一片遥远未知没有路的地方去,走出一条路来(Go instead where there is no path,and leave a trail)",为子孙后代拓展生存空间。正是因为深空探测与大航海如此相近,美国给空间探测器取名时很喜欢用和航海有关的名字。

> 这句话是美国喷气推进实验室(Jet Propulsion Laboratory,JPL)的座右铭[2]。该实验室位于美国加利福尼亚州帕萨迪那市,是 NASA 的一个下属机构,负责为 NASA 开发和管理无人太空探测任务,行政上由加州理工学院管理,始建于 1936 年。钱学森也是该实验室的创始人之一。有趣的是,尽管被称为喷气推进实验室,但它从来没有进行过涡轮增压推进器或者其他类型的喷射发动机的研究工作。

美国早期的空间探测器叫作"水手(Mariner)"系列,先后完成了水星、金星、月球、火星的首次探测。后来发射的"勘测者(Surveyor)"重点对月球探测;"海盗(Viking)"探测器成功在火星着陆,其实这个名字直译的话应该是"维京海盗",多霸气的名字;"先驱者(Pioneer)"实现了对木星和土星的探测;行星际探测器"旅行者(Voyager)"先后实现了天王星和海王星的探测。2015 年,"新地平线(New Horizons)"探测器经过 9 年的漫长飞行,跨越大半个太阳系约 48 亿千米的距离,终于首次给冥王星(Pluto)拍摄了一张高清近照(见图 4-5),可惜的是这时候冥王星已经从太阳系的行星队伍中"除名"了。

图 4-5 "新地平线"探测器拍摄的冥王星

冥王星一直到 1930 年才被美国天文学家克莱德·汤博发现,不过并不是汤博为它命名的。之所以被命名为冥王星,是因为一名 11 岁的英国小女孩柏妮。她的祖父在牛津大学图书馆担任管理员,吃早饭时看到新闻说这颗新发现的行星还没有命名,就让柏妮也想想。柏妮恰好对罗马神话很熟悉,就随口说了冥神(Pluto)这个名字,没想到最后竟然获得罗威尔天文台全票通过并被最终确认。汤博于 1997 年去世,"新地平线"探测器搭载了一个非常特殊的载荷,那就是克莱德·汤博的骨灰。在汤博发现冥王星 85 年后,它的发现者以这样特别的方式终于抵达,这真是人类对伟大科学家最好的纪念。更加有趣的是,迪士尼的著名动画形象小狗和冥王星重名,也叫 Pluto(布鲁托),所以孩子们都很喜欢冥王星,以至于冥王星被除名时,好多小孩给当时的纽约海登天文馆馆长 Neil DeGrasse Tyson 写信抗议。

"新地平线"探测器在飞往冥王星的途中,2007 年先经过了木星,还顺便给它的卫星木卫一拍摄了一张照片。

木星是太阳系最大的行星,所以它是用罗马神话中的众神之王朱庇特(Jupiter)命名的。罗马神话中的"Jupiter"对应的就是希腊神话中的宙斯(Zeus)。2016 年 7 月 5日,另一个探测器"朱诺(Juno)"进入了木星轨道。在神话故事中,朱诺是朱庇特的妻子,是女性、婚姻和母性之神,集美貌、温柔、慈爱于一身,相当于希腊神话中宙斯的妻子——赫拉(Hera)。据说朱庇特施展法力用云雾遮住自己,但朱诺却能看透这些云雾,了解朱庇特的真面目。所以木星探测器取名"朱诺",寓意着 NASA 期许它能够帮助人类揭开这颗太阳系最大、最神秘的气态行星的秘密。

迄今为止,最成功的行星探测器应该是土星探测器"卡西尼-惠更斯号"。这是美国和欧洲合作的一个项目,"卡西尼-惠更斯号"实际上是两个探测器,美国负责研制的轨道器"卡西尼号"相当于一个母船,它携带着欧洲研制的"惠更斯"探测器一同飞往土星。

土星是人类发明望远镜之前只凭肉眼就可以观测到的五颗行星之一,体积仅次于木星,它其实是一个气态行星。中国古代把土星称为镇星,西方则用罗马神话中的农神(Saturn)给它命名,和星期六(Saturday)的名字同源。罗马神话中的农神对应着希腊神话里的第二代众神之王克洛诺斯(Kronos),后者是第一代神王神后乌拉诺斯和盖亚的儿子。乌拉诺斯和盖亚有 12 个子女,被称为"泰坦十二神",克洛诺斯是其中最年轻的一个。克洛诺斯的儿子就是宙斯,以宙斯为首的神则被称为"奥林匹斯神族"。四个世纪之前的 1610 年,伽利略发明望远镜后,首先就观测了五大行星。他很快发现土星非常特别,似乎由三部分组成。困惑不已的伽利略写到:"这是一颗有耳朵的行星"。又过了半世纪,1655 年,著名的荷兰物理学家惠更斯在巴黎的皇家科学院工作,他改进了望远镜,解开了土星的"耳朵"之谜,原来那是环绕土星的一个圆环,同时还发现了土星最大的卫星,也就是土卫六。又过了 20 年,1675 年,同在巴黎皇家科学院工作的意大利天文学家卡西尼发现土星环中间有一条暗缝,后人将其命名为"卡西尼缝"。

一个星期七天的英文名字最早可以追溯到古巴比伦人,古巴比伦人率先使用每周七天、每月四周的历法,并且用日、月、火、水、木、金、土七个神给星期中的每一天命名。星期制传到古罗马后,古罗马人就用他们自己信仰的神的名字来命名一周七天,即:星期天为 Sun's-day(太阳神日);星期一为 Moon's-day(月亮神日);星期二为 Mars's-day(火星神日);星期三为 Mercury's-day(水星神日);星期四为 Jupiter's-day(木星神日);星期五为 Venus'-day(金星神日);星期六为 Saturn's-day(土星神日)。

这些名字传到英国后,盎格鲁-撒克逊人又用自己信仰的神改造了其中四个名字。他们用 Tuesday、Wednesday、Thursday、Friday 分别取代 Mars's-day、Mercury's-day、Jupiter's-day、Venus'-day。Tuesday 来源于 Tiu,是战神;Wednesday 来源于 Woden,

是最高的神,也称主神;Thursday 来源于 Thor,是雷神;Friday 来源于 Frigg,是爱情女神。

土星的卫星特别多,估计至少有 18 个。进入太空时代,人类先后派出"先驱者 11 号""旅行者 1 号""旅行者 2 号"造访土星。"旅行者 1 号"意外发现土卫六上有稠密的大气,要知道这是太阳系内唯一已知有云和稠密大气存在的卫星。当时"旅行者 1 号"为此专门改变轨道,进一步探测了土卫六。之前我们提到过,土卫六的名字叫作"泰坦(Titan)"。科学家们认为"泰坦"是太阳系内除地球外最可能存在生命的地方,因为那里具备原始生命形成的很多条件,如图 4-6 所示。1989 年,17 个国家决定共同出资,打造一个更"牛"的探测器去探索土星的秘密,这就是"卡西尼-惠更斯号"。

图 4-6　阳光照射在土星的第六号卫星"泰坦"上,海洋反射出金色的光芒

准确地说,"卡西尼号"的命名不是纪念老卡西尼一个人,而是为了纪念卡西尼祖孙四代。卡西尼家族是科学史上的一个传奇,四代卡西尼全部担任过巴黎天文台台长,为天文学的发展先后做出巨大贡献,可惜该家族的传奇最后终止于法国大革命。

老卡西尼(见图 4-7),也就是乔凡尼·多米尼科·卡西尼(Giovanni Domenico Cassini,1625—1712 年),他本来是意大利人,1669 年 2 月 25 日应法国国王路易十四邀请,前往巴黎皇家科学院工作。1671 年巴黎天文台落成,老卡西尼成为巴黎天文台的领导。老卡西尼不仅发现了土星环的卡西尼缝,还精确测定了木星自转周期,绘制

了第一幅月面图,此后 100 年内都没人能超过他。老卡西尼的次子雅克·卡西尼
(Jacques Cassini,1677—1756 年)非常聪明,是一名数学天才,他继任了父亲在巴黎天
文台的领导职务,在子午线弧长实测工作上做出了重要贡献。塞萨尔·弗朗索瓦·卡
西尼(César Francois Cassini de Thury)也是雅克·卡西尼的次子,他于 1771 年出任巴
黎天文台台长。在他之后,他的独子雅克·多·卡西尼(Jacques-Dominique Cassini)也
继任了该职务。塞萨尔·弗朗索瓦·卡西尼和雅克·多·卡西尼在土星和金星观测、
大地测量学方面做出了许多贡献。一家四代天文学家,先后横跨两个世纪,持续在同
一个领域贡献非常有价值的成果,这在科学史上非常罕见。

图 4-7　老卡西尼画像

（利奥波德·杜兰格尔绘于 1879 年）

　　历经十年的精心打磨,1997 年 10 月 15 日,在美国卡纳维拉尔角空军基地,承载着
探索人类第二家园希望的"卡西尼-惠更斯号"发射升空,而发射它的运载火箭恰好是
"泰坦 4 号","泰坦"就是土卫六的名字。"卡西尼号"的轨道非常复杂,利用了多颗行
星的引力弹弓效应。2004 年 7 月,"卡西尼-惠更斯号"飞抵土星,如图 4-8 所示。它果
然不负众望,先后发现土卫二有火山活动,在其冰壳之下有液态海洋存在,海底还有地

热活动,证明了土卫二同时具备了生命存在的所有元素。

图 4-8　"卡西尼号(Cassini)"探测器抵达土星轨道

用 NASA 的话来说,"土卫二具备生命所需的全部条件,因此它是地球之外最有希望孕育生命的太阳系星体"。土卫二(见图 4-9)的英文名字叫作"恩克拉多斯(Enceladus)",他是希腊神话中的乌拉诺斯和盖亚之子,也是一位巨人,因为反抗宙斯失败,被雅典娜埋葬于埃特那山下。土卫二上存在水,有海洋,因此可能存在生命。那里存在剧烈的地质喷发活动,形成了非常壮观的间隙泉。

图 4-9　土卫二的表面

2005 年,"卡西尼-惠更斯号"释放了探测器"惠更斯号",后者成功登陆土卫六——"泰坦"。而独立运行的"卡西尼号"则继续工作,持续观测土星和它的其他卫星。2013年 7 月 20 日,"卡西尼号"逆光拍摄了土星环,而 14 亿千米之外的地球仅仅是照片中右下角的一个小亮点,如图 4-10 所示。当时 NASA 号召全世界的人在拍照的时刻对着土星挥手微笑,这一天被称为"地球微笑日"。

图 4-10 "卡西尼号"从土星轨道拍摄的地球
(箭头所指)

此举其实是效仿"旅行者 1 号"在 1990 年 2 月 14 日西方情人节这一天拍摄的著名照片"暗淡蓝点",当时美国著名天文学家卡尔·萨根(Carl Edward Sagan)提议"旅行者1 号"回头给自己的母星地球拍一张照片。地球在 64 亿千米之外拍摄的照片中,只是一个渺小的"暗淡蓝点(Pale Blue Dot)",如图 4-11 所示。

正如卡尔·萨根所说[3]:

"在这个暗淡小点上,每个你爱的人、每个你认识的人、每个你曾经听说过的人,以及每个曾经存在的人,都在那里过完一生。这里集合了一切的欢喜与苦难,数千个自信的宗教、意识形态以及经济学说,每个猎人和搜寻者、每个英雄和懦夫、每个文明的创造者与毁灭者、每个国王与农夫、每对相恋中的年轻爱侣、每个

图 4-11　暗淡蓝点

充满希望的孩子、每对父母、每个发明家和探险家,每个教授道德的老师、每个贪污的政客、每个超级巨星、每个至高无上的领袖、每个人类历史上的圣人与罪人,都住在这里 —— 一粒悬浮在阳光下的微尘。"

虽然"卡西尼号"还有燃料,但因为它使用的是核燃料钚 238,为了不污染可能存在生命的恩克拉多斯的环境,NASA 决定让"卡西尼号"撞向土星自毁。在最后的谢幕旅途中,"卡西尼号"穿越美丽壮观的土星环,对土星进行了最后的近距离观测。最终在 2017 年 9 月 15 日,"卡西尼号"结束了它历时 20 年、行程 79 亿千米的太空探险之旅。它获得了无数科学数据,它发现的一些特殊现象至今仍未解。"卡西尼号"不仅开启了科学的宝藏,它获取的诸多美丽图片也是美的宝藏。

"卡西尼号"的发现让科学家不得不重新审视关于土星的原有理论,刷新了人类对土星的认知。

4.4.5　载人航天与空间站的命名——美丽的误会

说到美国的载人航天,最著名的当然是"阿波罗"登月计划了。阿波罗(Apollo)是古代希腊神话传说中掌管事务最多的神之一,他主司太阳、光明、文艺、真理、预言、医药,所以常常把阿波罗称为太阳神或者光明之神。阿波罗的孪生姐姐是月亮女神阿尔忒弥斯(Artemis)。其实在希腊神话中还有一位太阳神,他就是赫利乌斯(Helius)。赫利乌斯每天都会乘坐四马金车在天空中奔驰,从东到西,晨出晚没,用光明普照世界。不过在后来的许多神话中,常常把赫利乌斯同阿波罗合为一体。

这样就产生了一个奇怪的问题,为什么一个登月计划不用月亮神的名字来命名却用了太阳神的名字呢?实际上,2009 年美国还真的研制了一个名字叫作"阿尔忒弥斯"的探测器,目的是研究月球与太阳间的相互作用。

根据 NASA 的正式文件,一个可信的说法是当时负责提出登月计划的 NASA 刘易斯研究中心(现在的格伦研究中心)更喜欢"阿波罗"这个名字。刘易斯研究中心的主任是阿贝·西尔弗斯坦(Abe Silverstein)博士,他后来解释说并没有特别的原因,就是觉得阿波罗驾着金色战车越过太阳这么辉煌的场景,非常适合登月这样气势恢宏的计划。想想看,航天员乘坐"阿波罗"飞船,在金色的阳光中踏上奔月之旅,这个名字的确挺贴切。不过上面已经谈到,这其实是一个美丽的错误,准确地说阿波罗是光明之神,而驾驶金色马车在空中奔驰、照耀世界的其实是赫利乌斯。

在中国神话传说中也有类似的太阳神,而且是一位太阳女神,她叫羲和。在《山海经》中有这样一个故事:"东海之外,甘泉之间,有羲和之国。有女子名羲和,为帝俊之妻,是生十日,常浴日于甘渊。"还有的传说里说羲和是太阳的车夫,每天由东向西,驱使着太阳前进,掌握着时间的节奏。这个神话传说和赫利乌斯的故事非常相似。

4.5　从神到人——欧洲航天器的命名

欧洲的航天项目很多都是和美国一起合作开展的,欧洲的重点主要放在科学研究和空间探测上。欧空局很喜欢用科学家名字命名航天器,例如著名的"伽利略"全球导航系统。对比之下,俄罗斯也有很多伟大的科学家,但并没有任何一个航天器以俄罗斯航天事业奠基人齐奥尔科夫斯基的名字命名。除此之外,欧洲人也很喜欢用北欧神话和希腊神话中的神给航天器命名。

著名的"尤利西斯号"探测器(见图 4-12)是欧空局和 NASA 合作建设的一个太阳探测器,它的轨道与黄道面垂直,所以可以帮助我们近距离了解太阳两极的情况。

1990 年 10 月 6 日，"发现号"航天飞机将"尤利西斯号"送入太空。1994 年 8 月，"尤利西斯号"飞抵太阳南极区域，后来又越过太阳赤道，到达太阳北极，它使人类对太阳的认识上升到一个新高度。2008 年 7 月，由于燃料冻结，"尤利西斯号"太阳探测器 17 年多的太空探险结束了。尤利西斯的名字源于希腊神话中的英雄奥德修斯（Odysseus，拉丁名为尤利西斯）。传说中尤利西斯献出木马计，让希腊联军攻破特洛伊城。尤利西斯在从特洛伊回国途中，因为刺瞎独目巨人波吕斐摩斯的眼睛，得罪了海神波塞冬，屡遭阻挠。最后，尤利西斯战胜魔女基尔克，克服海妖塞伍

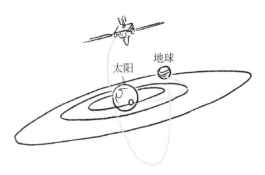

图 4-12 "尤利西斯号"太阳探测器

美妙歌声的诱惑，穿过海怪斯库拉和卡吕布狄斯的领地，摆脱神女卡吕普索的挽留，历经十年艰辛，终于回到祖国。现在回想起来，这个探测器的名字起得真是太好了，"尤利西斯号"太阳探测器 17 年的征途同样历经万难，虽然不能回家，但它将永远绕着太阳运转下去。尤利西斯是西方热度很高的一个词，爱尔兰现代派小说家乔伊斯有一部著名作品叫作《尤利西斯》，是意识流小说的代表作，被誉为 20 世纪最伟大的小说。

欧空局组织最成功的探测器是彗星探测器"罗塞塔号（Rosetta）"，它携带着陆器"菲莱号"，历时 10 年，飞行 40 亿千米，最终于 2014 年 8 月 6 日成功进入彗星的 67P/楚留莫夫（67P/Churyumov-Gerasimenko）轨道。2014 年 11 月 12 日，"菲莱号"成功着陆于 67P/楚留莫夫表面，成为第七个着陆于地球以外其他星体的着陆器和第一个成功软着陆于彗核（彗星的固态表面）的着陆器。"罗塞塔"这个名字来源于著名的罗塞塔石碑。罗塞塔石碑（Rosetta Stone）制作于公元前 196 年，上面刻有古埃及国王托勒密五世登基的诏书，石碑上用希腊文字、古埃及文字和当时的通俗体文字刻了同样的内容，因为可以相互对照，使得考古学家据此破译了已经失传千余年的埃及象形文字。

因为彗星本身很小，这样就不会有地球上的各种地质作用改变彗星表面小颗粒的组成，所以这些小颗粒就一直携带着太阳系形成初期的宝贵信息，科学家们期待能够从中获得关于生命起源的线索。彗星着陆器名叫"菲莱"，这也和古埃及有关。菲莱是一座神庙的名字，是现在保存最好的三座古埃及托勒密王朝庙宇之一，为古埃及神话

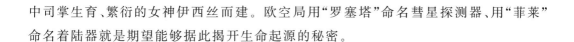

中司掌生育、繁衍的女神伊西丝而建。欧空局用"罗塞塔"命名彗星探测器、用"菲莱"命名着陆器就是期望能够据此揭开生命起源的秘密。

4.6　以古喻今——中国航天器的命名

中国现有的在轨航天器近 150 个，形成了载人航天、导航定位、深空探测、通信广播、对地观测、气象预报、空间科学与技术试验七大类航天器。中国航天器的命名大概遵循一个基本原则，就是简短的两三个字，体现出预期的功能和用途，同时最好能体现出中华民族的文化和历史特色。

说起中国航天器，最知名的就是"神舟"飞船。中国的载人飞船取名"神舟"很不错，这个名字一看就不是卫星是飞船，而且不是一般的船，是一艘神奇的船。不足之处是容易被误读为"神州飞船"。后来中国的空间站取名"天宫"也极好，既能体现出空间站长期在太空停留的特点，又有鲜明的传统文化特征，让人浮想联翩，很容易联想到种种古代神话传说。

中国第一颗人造地球卫星取名"东方红一号"，这个名字一方面体现出卫星的主任务是播放东方红乐曲，另一方面又象征着东方地平线上升起的红色卫星，影响深远。在"东方红一号"之后陆续发展起来的资源勘测卫星、海洋观测卫星和环境监测卫星，分别取名"资源""海洋"和"环境"，简单明了，和之前讲到的美国、苏联/俄罗斯的命名也都类似，不过总觉得缺了特色。相比之下，近年来发射的量子通信试验卫星取名"墨子"，暗物质探测卫星取名"悟空"，既贴切又有特色。

嫦娥奔月的故事在两千多年前的中国典籍《淮南子·览冥训》中就有记载，在中国家喻户晓。把探月工程命名为"嫦娥"工程，月球车命名为"玉兔"，这两个名字取得寓意隽永，而且非常有利于大众理解和支持。

有趣的是，根据 NASA 网站公布的"阿波罗 11 号"与地面的通信档案，1969 年 7 月 20 日，休斯敦地面指挥中心的埃文斯对太空中准备登月的航天员说："有人要你们（在月球）注意一个带着大兔子的可爱姑娘。在一个古老的传说中，一个叫嫦娥的中国美女已经在那里住了 4000 年……你们也可以找找她的伙伴——一只中国大兔子。这只兔子很容易找，因为它总是站在月桂树下。"

"阿波罗 11 号"航天员科林斯立刻回答说："好的,我们会密切关注这位兔女郎。"当时,科林斯留守"哥伦比亚号"指令舱中,他的同伴阿姆斯特朗和奥尔德林正准备乘"飞鹰号"登月舱登陆月球表面。

中国的太阳监测卫星命名为"夸父",得名于神话传说中奋力追赶太阳、最后长眠于虞渊的巨人夸父。夸父是幽冥之神后土的后代,住在北方荒野的成都载天山上。他双耳挂两条黄蛇,手拿两条黄蛇,去追赶太阳。

中国与西方文化存在巨大的差异,在各自的神话体系中,神和人的关系有很大不同。比如月亮只是嫦娥的居所,嫦娥本身并不是月亮神。中国的神话传说中,人和神的关系比较和谐,人可以变为神,比如嫦娥升天后就成了神。但是在希腊神话体系中,神就是神,神和人是不相通的。因为文化的差异,中西方航天器的名字在互译时就容易出问题,如果把欧美用希腊神祇命名的航天器直接音译过来,那就完全体会不到其中的美妙。反之,如果把"嫦娥"探测器直接用拼音翻译成英文,人家也不明就里,完全想象不到背后有那么美丽的传说。

关于航天器名字的英文翻译,做得最好的是日本的探月卫星"辉夜姬"。"辉夜姬"是日本古老传说《竹取物语》中的美貌女孩,她在月亮上诞生,尔后落入凡间。传说一位伐竹的老翁在竹子芯里发现了一个可爱女孩,便把她带回家去抚养。3 个月后女孩就长成妙龄少女,美貌举世无双,取名"辉夜姬"。世间的男子为她倾倒,但她谁都不喜欢。中秋之夜,"辉夜姬"迎来月宫使者,回到她本该属于的月球。这个故事在日本家喻户晓,月亮公主"辉夜姬"代表着美、虚幻和永生,用她给探月卫星命名非常贴切。翻译成英文时,取了探测器的专业名称"月球学与工程探测器(Selenological and Engineering Explorer)"的缩写 SELENE,而这个名字正好和希腊神话中另一位名气不大的月亮女神"塞勒涅"同名,真是巧妙的翻译。

4.7 结语

能够给任何事物命名都是一件令人兴奋的事情,现代人并没有太多这样的机会。当你有了孩子,可以给他(她)起个好名字;读书人可以给自己的书房起个名字;喜欢写作的人可以给自己起个笔名;演员可以起个艺名;饲养小动物的朋友可以给自己的宠物起个有趣的名字。除此之外,我们几乎没有机会再像地理大发现时的探险家们,可以给一个地方、一条河流、一座山、一个湖泊这样的地理发现命名;虽然你的家里有可能不止一辆汽车,但很少有人像大航海时代的船长对待自己的船那样,给它起个"小猎犬"之类的名字(达尔文乘坐的英国海军考察船的名字)。

在人类只能仰望星空的年代,人们尽力驰骋自己的想象,给视力所及的星星们都起了各自的名字。当人类能够真正进入太空时,给自己的飞船还有火箭起个好名字就成了一件非常有象征意义的大事。也许我们的下一代真的会有机会拥有一个可以自己命名的私人飞船。

阿瑟·克拉克曾说:"在这个宇宙里,每一个生存过的人,都相应有一颗星星在天空闪耀",这颗星星当然就应该以你的名字命名。那么,如果让你给未来探索自己星星的太空计划命名,你会起一个什么名字呢?

参考文献

[1] 新华网. 俄被制裁高官过境遭罗马尼亚拒绝 扬言乘轰炸机回来[EB/OL]. http://www.xinhuanet.com/world/2014-05/12/c_126487036.htm.

[2] ABOUT JPL[EB/OL]. https://www.jpl.nasa.gov/m/about/.

[3] [美]卡尔·萨根. 暗淡蓝点[M]. 叶式辉,黄一勤,译. 上海:上海科技教育出版社,2000.

第 5 章　如何"忽悠"皇帝发射卫星

真理是时间的孩子,而非权威。

——贝尔托·布莱希特(德国戏剧家)

5.1　简约版的天文＋航天史

　　苏联航天员加加林是第一位进入太空的人,他在 34 岁那年因飞机失事不幸遇难。我由衷地希望这位人类的航天英雄并没有牺牲,在我们的故事里,他或许可以穿越回到古代的皇宫,见到皇帝陛下,并告诉皇帝人类在航天领域取得的伟大成就。当然,要让古代的皇帝相信这一切并不容易。亲爱的读者,如果你是加加林,你该如何与皇帝陛下交流呢?

　　我不知道人类从第一次仰望星空到明白发射卫星的原理到底花了多长时间,但是我知道,人类从明白这些原理到现在也就是三百多年的时间。我们可以简单回顾一下这段历史。

　　古人:大地是平的,天像个大锅盖。(人类第一次仰望星空)

　　亚里士多德:我觉得是个球啊。(公元前 4 世纪)

　　托勒密:地球是宇宙中心。(2 世纪)

　　麦哲伦:我去,地球真的是个球。(1519—1521 年)

　　众人"炸窝":三观尽毁啊!人为啥不会掉下去啊?

　　哥白尼欲言又止:好像太阳是宇宙中心吧?(1543 年)

　　布鲁诺:没错,地球绕着太阳转。(1600 年)

　　教会:地球是宇宙中心,地球是宇宙中心,地球是宇宙中心,重要的事情说三遍。另外,哥白尼,按你的理论算出来的数据和观测数据也对不上。布鲁诺,你出局了!

　　第谷:虽然我鼻子不好,但我视力好,我最喜欢的还是看星星。

　　开普勒:我老师第谷的数据不会错,哥白尼"日心说"的圆形轨道有问题,天体的轨道是椭圆的。另外,地球就是绕着太阳转的。(1609—1619 年)

　　伽利略:我有望远镜,我也来告诉你们,地球就是绕着太阳转的。

　　牛顿:苹果好吃,万有引力是"王道",你看地球确实是绕着太阳转的。(1687 年)

教会：……主爱世人。

牛顿：刚才忘了说，你们要是有机会造个超级大炮，炮弹就会一直绕着地球转、不落下来，你们用我和开普勒的理论算算就知道了。

科罗廖夫：我照你说的试试，吓死美国佬。恩，叫炮弹太"土"，还是叫人造卫星吧。（1957 年）

科罗廖夫：感谢牛顿兄，感谢开普勒兄，按照你们的理论算出的人造卫星轨道"刚刚"的。

美国、法国、日本、中国、英国等：我们也要玩！

5.2 不要小觑先驱者的实力

在上面这个简约版的天文＋航天史中，有一个非常重要的诉求在驱动着先驱们冥思苦想，那就是人们希望能够精准地预测太阳、月亮和各个行星在天空中出现的时间和位置。哥白尼的预测精度和实际观测数据误差颇大，所以他的"日心说"反而因此被教会攻击。

皇帝作为天子，自然非常关心天象的变化。要想取得皇帝的信任，你至少应该拿出比宫廷星象官（见图 5-1）还要准确的预测精度。在这个基础上，你就可以搬出大地

图 5-1　北京郭守敬纪念馆的古观星设备仿制品

球形说、日心说、万有引力、开普勒三定律来解释这一切,随后自然可以推导出人造卫星的可能了。

而说到精度,那就不得不提到传奇人物第谷。第谷不爱预测,对天文观测的兴趣远高于对理论研究的兴趣,但是他的观测工作非常严谨,有典型的处女座性格,估计也有轻微的强迫症,因此他的观测数据可信度和精度极高。

第谷是一个相当有个性的人。首先,他脾气不好,非常非常不好,而且还特别好面子。当年就因为一些小事和另外一个贵族发生矛盾,最后闹到决斗。两人决斗的结果就是第谷少了半个鼻子,虽然后来第谷为自己做了一个非常逼真的假鼻子(见图 5-2),但是不得不随身带着胶水,以防假鼻子脱落。另外,2010 年捷克和丹麦科学家组成的调查小组对第谷的遗体做了研究,分析第谷去世的原因很可能是膀胱炸裂。有个说法是第谷当时正在参加一个大型宴会,尿急却死要面子,硬扛着不去上厕所,最终导致病发。其次,第谷非常有才,当时他主持的汶岛天文台的观测水平在世界上遥遥领先。那时候天文望远镜还鲜为人知,而第谷能够将天文观测精度达到肉眼观测的极限,也就是 2 角分,相当于 1°的 1/30。这个成就除了能证明他有一双视力在 1.5 以上的眼睛之外,更重要的是说明他具有极强的精密仪器设计能力和渊博的知识。在当时的观测中,为了提升观测精度,他深入分析了大气折射对观测精度的影响,并且进行了合理的修正。最后但却是最重要的一点是他非常爱才,面对人才,他的坏脾气消失得无影无

图 5-2　第谷的假鼻子

踪。正因为这一点,他发现并且成就了开普勒。毫不夸张地说,开普勒才是第谷一生中最伟大的"天文发现"。在第谷发现开普勒之前,开普勒只是一个才华横溢的"千里马",而第谷就是开普勒的伯乐。第谷为开普勒出路费,邀请开普勒来做他的助手。开普勒来到第谷身边后,第谷对他悉心指导,同时给了开普勒丰厚的待遇。有才的人都有个性,开普勒和第谷显然都是有才的人,两人之间曾经爆发过非常激烈的争吵,开普勒愤然出走,而第谷这么好面子的人居然能够放下身段,非常诚恳地给开普勒写信,邀请他回来。开普勒也非常感动,此后一直留在第谷的天文台,在第谷逝世之后继续他的工作。

5.3　精度带来的理论突破

所以,你要说服皇帝陛下,也许首先需要的是一座第谷设计的精密观测天文台,哥白尼就是因为没有这样的天文台,导致他的计算误差在 5°左右,这根本不足以说服"地心说"的学者。开普勒是幸运的,他在老师第谷去世之后,接管了第谷的天文台,而且继承了第谷四十多年来的观测数据,这些珍贵的数据足以帮助开普勒完成他的研究。开普勒从小就视力不好,但是他已经不需要投入太多的精力在观测本身了。他开始依据哥白尼的"日心说",按照传统的圆形轨道计算火星的位置,但是无论他如何演算,他的计算结果总是与老师的观测数据相差至少 8 角分。要知道第谷在观测方面极度严谨,开普勒和我们一样坚信这一点,所以,开普勒认为数据不可能有错,一定错在模型上。最终,开普勒打破了千百年以来行星正圆形轨道系统学说的局限,确定了行星的轨道是椭圆形的,而太阳就在这个椭圆的一个焦点上,这就是开普勒第一定律。开普勒说:"大自然等我们揭开这个奥秘等了六千年。"

此外,开普勒还指出,如果只考虑行星轨道是椭圆,但是运行速度还是按照匀速进行计算,依然会产生不小的误差。他经过精密的观察和计算,提出了开普勒第二定律。即行星的运行速度不是恒定的,在椭圆轨道上,行星越接近太阳,速度就越快。

有个特别简单的方法,让我们能够很直观地体会开普勒第一定律和第二定律。秘密就在最常见的日历中。比如,我们可以在 2016 年和 2017 年的日历上查到,2016 年的秋分是 9 月 22 日,2017 年的春分是 3 月 20 日,而 2017 年的秋分是 9 月 23 日。简单计算一下就可以发现,2016 年秋分到 2017 年春分之间间隔约 179 天,而 2017 年春分到 2017 年秋分则间隔约 187 天。

那么这 8 天的时间差是如何产生的呢?这里有两个原因。第一,根据开普勒第一定律,由于地球的公转轨道是椭圆形的,近日点大约在 1 月初。这就意味着靠近近日点的半边,也就是从 2016 年秋分点到 2017 年春分点的距离会短一些(见图 5-3)。第二,地球在从 2016 年秋分点到 2017 年春分点这段时间,离太阳相对

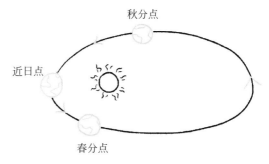

图 5-3 春分、秋分与开普勒第二定律

近一些,根据开普勒第二定律,地球公转的速度也就快一些。距离短再加上速度快,那自然时间间隔就短了。

从上面的例子可以知道,开普勒第一定律和第二定律并不难发现。但是开普勒第三定律的发现过程则要艰难得多。为什么这么难呢?我想大部分读者都做过智力测试题,那么我们就来做这样一道题:

$$A=0.241, B=0.579$$
$$A=0.615, B=1.08$$
$$A=1.00, B=1.50$$
$$A=1.88, B=2.28$$
$$A=11.9, B=7.78$$
$$A=29.5, B=?$$
……

与我们熟悉的智力测试题不同,这道题用的是当时实际的天文观测数据,是存在误差的,因此难度提升了不少。当时开普勒面临的困难还不仅仅是误差的问题,他首先需要面对行星轨道的各种参数,然后试图从这些参数中挑出两个或者多个,并且寻找其中的规律。事实上,上面这道题目已经帮你从千百个参数中挑出了这两个最有用的参数,相对而言,开普勒面对的难度可就更高了。你能做出来吗?

在这道题中,A 就是当时已知的六大行星的公转周期,单位是年,B 则是这六大行星的半长轴,单位是亿千米。开普勒认为,既然所有的行星都是围绕太阳转的,那么它们的某些参数和太阳一定是有关系的。他尝试了各种参数的组合,最终找到了这两个参数的规律,也就是公转周期的平方和轨道半长轴的立方成正比(见表 5-1)。依靠这个规律,以上这道题计算起来就很容易了,B 应该等于 14.26,这个数字和表 5-1 中的实际观测数据 14.3 也是比较接近的。需要补充说明的是,表 5-1 中的最右列(公转周期的平方与轨道半长轴长度的立方的比值)是由太阳的质量决定的,如果需要计算卫星围绕行星的公转周期与轨道半长轴长度的关系,则需要根据行星的质量来确定这个值。

表 5-1 开普勒第三定律数据分析

行星	公转周期(年)	公转周期的平方(年^2)	轨道半长轴长度(亿千米)	轨道半长轴长度的立方(亿千米^3)	公转周期^2/轨道半长轴长度^3
水星	0.241	0.058	0.579	0.1941	0.2988
金星	0.615	0.378	1.08	1.2597	0.3001
地球	1.00	1.00	1.50	3.375	0.2963
火星	1.88	3.534	2.28	11.8524	0.2982
木星	11.9	141.61	7.78	470.9109	0.3001
土星	29.5	870.25	14.3	2924.207	0.2976

此后的事情大家都很熟悉了,牛顿使用他的万有引力定律完美推导出开普勒三大定律,然后根据自己提出的牛顿三大定律推导出,只要速度足够快,人们能够自己制造一颗围绕地球运转的卫星,卫星围绕行星的运动规律和行星围绕太阳的运动规律并没有区别。

5.4 教皇也被说服了

所以你看,追求真理的过程是艰难而痛苦的,到现在或许才能说服圣明的皇帝陛下,发射人造卫星的可能性是存在的。这颗人造卫星的轨道也不用太高,距离地面

800km 以上、脱离大气层的影响就行。因为在这个高度,空气阻力非常小,所以理论上讲,卫星的运行不需要任何动力,就可以沿着椭圆形的轨道运转很长时间。这可是能够帮助皇帝流芳千古的大事。另外,支撑卫星做椭圆运动的向心力来自万有引力,指向的是地球的质心,也就是说,这个椭圆形所在的平面一定会通过地球的质心。不难想象,这个轨道周长一定得大于地球 4 万千米的周长,号称"十万里"也一点不会显得浮夸。使用开普勒第三定律,可以估算出这个卫星的公转周期大约在 1 小时 40 分钟左右,也就是不到一个时辰的时间就飞行了十万里,这说起来又是何等的豪气。

> "坐地日行八万里,巡天遥看一千河",这是毛泽东诗词《七律二首·送瘟神》中脍炙人口的名句。据说,最早的时候这首诗写的是"坐地日行三万里",后来毛泽东的秘书胡乔木建议修改为"八万里",其中一个原因就是地球的周长为 4 万千米,我们在地面上跟着地球自转一圈,相当于一天之内在宇宙中走了 4 万千米,也就是 8 万华里的距离。这首诗词正式发表时,毛泽东采纳了这个意见。

当然,没有现代火箭技术,这一切都是空谈,而如果卫星仅仅是皇帝的面子工程,那它也注定不会有生命力。长城和都江堰能够流芳千古,是因为这些工程切切实实造福了百姓,而我们的卫星同样也具有各种具体而实用的功能。据统计,在围绕地球的轨道上,有约 1400 颗卫星正在为我们人类工作着。虽然这些人造卫星无法像飞机那样可以随时调动,但它们利用牛顿和开普勒等科学先驱者们发现的规律,只需要很少的能量就能维持长期的正常运转。

1992 年,罗马教皇正式宣布为布鲁诺和伽利略平反昭雪。如今,教皇能够心平气和地看着卫星电视中正在播报的气象卫星拍摄的卫星云图,他或许还会亲自使用卫星定位系统和卫星地图来安排他的行程。400 年的时间足以让真理战胜权威,因为"真理是时间的孩子,而非权威"。

参考文献

[1] 唐泉,万映秋. 中国古代的行星计算精度:天文学家的要求与期望[J]. 咸阳师范学院学报,2010,25(2):82-88.

第 6 章　驾驶飞船是一种什么样的体验

地球是人类的摇篮，
但人类不可能永远被束缚在摇篮里。

——齐奥尔科夫斯基（苏联科学家）

6.1 引子

不得不说"牛顿很牛",他成功排除了身边无处不在的引力、摩擦力和空气阻力对他探究真理的干扰,提出了颠覆常理的牛顿三大定律。这些已经成为高中课程的必修内容,但是我敢打包票,很多学过高中物理的读者并没有像牛顿一样去深入思考如何驾驶没有摩擦力和空气阻力作用的航天器飞向目的地。

太空中很多规律是反常识的,但是每次颠覆人们常识的思考都可能触发人类一次伟大的进步。日心说、牛顿三大定律、相对论、量子力学,每一个在当时看来都是极端反常识的理论,就是在这样的思考中产生的。而这种思考通常可以看作是一种思想实验,爱因斯坦和玻尔就是采用这种方式开展了科学史上最著名的、有关量子力学的论战。那么我们跟随着科学伟人们的脚步,开始自己的一次尝试吧。

6.2 在冰面上开车的新司机

在讨论如何考取飞往月球的驾驶执照前,我们先从常识开始,想想在地球上驾驶汽车的过程中能学到些什么。记得我第一次驾驶汽车长途旅行,很不幸地遇上了雷阵雨,高速公路上车速很快,路面还很滑。"我宁愿挤早高峰的地铁,"当时我看着停在路中间、发生追尾事故的汽车,对坐在副驾驶位置的同伴说,"至少不会有生命危险。"而他正在心安理得地打着哈欠,完全感受不到我这个只有一年驾龄的新手给他的安全带来的威胁。

事实上,我驾车很少走高速路,更没有在雨天驾车走高速路的经历。雨天的高速路和我平时驾车走的城市道路有很大的区别。在车速达到 80km/h 以上时,轻微转动方向盘就会给汽车带来很大的横向速度。而完成并线后,又需要很快让汽车的横向速度变为 0,让车辆继续径直向前行驶。老司机告诉我把方向盘回正就行了,我知道,这是因为地面的摩擦力会很快抵消横向速度。但是下雨天司机则必须更加小心,这时地面的摩擦系数已经从 0.6 降低到 0.4,横向速度需要更加精准的操控才能在合适的时间内变为 0,否则反反复复地修正前进方向容易导致汽车的行进方向失控,这在雨天的高速公路上后果是非常可怕的。通过驾校的学习,我还知道,雪天的地面摩擦系数是0.28,结冰的路面则更低,只有0.18。当然,作为一个新司机,我是不会在这种情况下自己开车出门的。但是,我们还是可以尝试想象一下,如果这个摩擦系数变为0,那我们应该如何驾驶汽车来改变前进方向呢?

根据前面的讨论,不妨假设汽车正在向左并线,当汽车已经很顺利地快要进入左侧的车道时,我应该轻微地向右转动我的方向盘,使汽车按照车道向正前方行驶。但是,好像事情并没有那么简单,因为没有摩擦力,我可能不仅需要把方向盘回正,还必须要给汽车一个向右的力,用于抵消汽车向左的速度,否则它一定会撞向左边的护栏。然而,作为一个新司机,我可能无法控制好力道,导致汽车又偏向了右边。这样反复几次之后,旁边的人可能幸灾乐祸地看着我的车走出了一个歪歪扭扭的蛇形路线。可见,没有摩擦力的时候,想要让汽车精准地将某个方向的速度降为0并不是很容易的,至少对像我这样的新手而言是一个不可能完成的任务。事实上,对老司机来讲这任务也不会太容易,我想没有哪个老司机是愿意在冰面上开车的⋯⋯

愿意在这种冰面上开车的老司机还是有的。人类航天史上第一个敢这么干的老司机是美国航天员瓦利·斯奇拉(Wally Schirra),他驾驶着"双子星6号"飞船以27 000多千米的时速驶向"双子星7号"⋯⋯抱歉,我只是想用一个很吓人的数字说明当时速度有多快,不过这个速度是相对于地球的速度,其实"双子星6号"和"双子星7号"之间的相对速度并不快。它们的相对距离从40m缩短到0.3m花了足足四个半小时,然后在相对静止的状态下保持了20分钟。老司机开车就是稳啊!

等等,我们似乎还忽略了一些东西。是的,也许你已经想到了,如果路面是绝对光滑的,滚动摩擦就不存在了,那么这种利用轮子行驶的汽车是没法开动的,需要重新改造我们的汽车。首先需要给它装上航空发动机,航空发动机的原理和汽车发动机可完全不一样,它将空气压缩,然后高速喷射出去,这样形成的反作用力可以给我们的汽车一个速度。为了让汽车能够实现加速、减速、左转、右转,我们需要在前、后、左、右方向各安装一个喷气口。当然,豪车制造厂商为了让他们的产品更显身价,或许会设计出8喷口、16喷口的汽车;能够喷出精准到0.1牛顿推力的发动机可以让座驾的转向更加平稳,当然也会造价不菲;而标称着更高主频和更多处理核数量的自动控制芯片也能

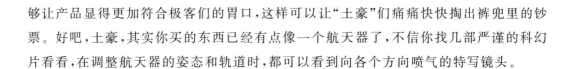

够让产品显得更加符合极客们的胃口,这样可以让"土豪"们痛痛快快掏出裤兜里的钞票。好吧,土豪,其实你买的东西已经有点像一个航天器了,不信你找几部严谨的科幻片看看,在调整航天器的姿态和轨道时,都可以看到向各个方向喷气的特写镜头。

6.3　飞往月球之路

回到我们的主题上来吧。去往月球的路上需要经过茫茫太空,太空中没有摩擦力,更没有刚才我们忽略掉的空气阻力。我们利用火箭将卫星、飞船送上太空之后,要想让它们精准地到达需要的位置,就像在一个没有摩擦力的路面上将汽车对准一个方向行驶一样,很难。但是我们做到了,现代控制理论就能够很好地解决这个问题。也许你已经意识到了,完全靠驾驶员手动驾驶飞船达到一个预定位置是几乎不可能的。不过这样一来,奔月驾驶执照的获取难度反而大大降低了——飞船必须设计得自动化程度很高,大家都只要依靠自动驾驶就可以了。我不需要懂控制理论,就像我不需要懂汽车的发动机原理一样,照样可以当驾驶员。

但是,还有一个问题,太空中没有空气。聪明的你也许能够想到,我们可以携带空气发生装置和制剂,这样就能够产生足够的空气让我们不会窒息,也不会有体内和体外的压力差,导致我们的身体炸裂开来。另外,我们还可以在太空中循环利用这些气体,使得携带的材料足够支撑我们去月球转一个来回。不过,其实带上太空的空气不仅仅用于维持驾驶员们的生命。

回想一下,为了让你的豪车能够在光滑路面上行驶,我们配备的是航空喷气式发动机,它吸取周围的空气,加速喷出,使得你的座驾向反方向行驶。但是在太空中,周围是没有空气的,于是航空喷气式发动机不能用了。我们只能带上足够的压缩空气或者别的推进物质,作为加速喷出的介质,形成反作用力。恭喜你,到这里你已经弄明白火箭和航天器的发动机与飞机使用的航空发动机的本质区别了。航天器的发动机不仅要携带提供能量的燃料,还需要提供一定质量的工质(比如压缩气体),我们使用燃料产生的能量对工质进行加速喷出,这样才可以产生反作用力,使得航天器的姿态或者轨道发生变化。不需要工质的发动机仅存在于理论中,至少目前还没有哪个实验室正式宣布在没有工质的情况下,产生了哪怕 0.01N 的推力。

此外,真空还会带来另一个问题,那就是没有地球上随手可得的氧气。当前主流的火箭发动机都是通过氧化作用产生能量的,这使得我们除了携带燃料、工质之外,还需要额外携带大量的氧化剂。对于此类火箭发动机而言,并不需要单独携带产生反作用力的工质,因为氧化作用产生的大量高温气体就是最好的工质。介绍火箭发动机相关的知识时,部分航天科普资料简单地按照理论课本把火箭的推进剂分为燃料和氧化剂,这样虽然可以很好地说清楚推进剂的组成,但是也容易让人忽视火箭在真空中运行的最大困难:不是缺少氧化剂,而是工质的非线性消耗。

要弄懂非线性消耗是什么意思,我们先和汽车做类比。比如汽车加满一箱油可以跑 400 多千米,那么不难粗略地估计出来,加半箱油跑 200km 是很正常的。为什么说"粗略地估计",其中一个重要的原因是在同等条件下,前半箱油跑的里程一定会比后半箱少一些,因为在使用前半箱油时,汽车携带的汽油多一些,重量要重一些,自然消耗的能量要多一些。这点差异对汽车而言是可以忽略的。可以粗略地认为汽车剩余汽油的总量和汽车能够行驶的距离是成正比的。

但是,我们要计算飞往 38 万千米远的月球需要携带的推进剂的总量,也采用这种方法的话就会大错特错了。要知道太空中受到的各种力中,万有引力占有着绝对统治地位,平时存在于你身边的摩擦力和空气阻力都已经销声匿迹了。而要摆脱万有引力的控制,目前只有一个办法:速度。只要达到了摆脱地球引力的速度,我们不需要消耗任何能量,就可以保持既定的轨道,飞向月球。因此,火箭发动机主要做的事情和汽车发动机是不一样的。汽车发动机要不停地工作,抵消摩擦力和空气阻力来保持汽车的速度,最终到达目的地;而火箭发动机则不是用来维持火箭的速度,而是单纯地为它提供速度。所以,在奔月的途中,一开始火箭发动机需要全力工作,达到第二宇宙速度以摆脱地球的引力,同时对准月球的方向。摆脱引力后,就只需要坐等飞船自行飞往月球。

在初始阶段,由于火箭的重量包含火箭本体的重量和所有推进剂的重量,所以消耗同样的推进剂给火箭带来的速度增量反而是最少的。随着推进剂的消耗,火箭的重量自然也会减轻,同样多的推进剂产生的速度增量就更多。这个表面上看和汽车是类似的,但是实际上还是有本质的不同。因为火箭的推进剂除了产生能量外,还需要作为工质,换句话说,我们需要依靠推进剂本身的重量和它产生的能量的双重作用来推动火箭的前进。根据动量守恒定律，在火箭发动机喷出工质的速度是固定的情况下，工质的重量决定着火箭主体产生的速度增量（见图6-1），那么我们可以得到一个结论，喷出的工质越重越好！

如果需要更大重量的工质，那就需要携带更多的推进剂，但是还未使用的推进剂却会成为一个沉重的负担。也就是说，我们可以得到第二个结论，剩余的推进剂应该越轻越好。不难想象，这两个结论给火箭设计带来一对矛盾，也让我们很容易明白一个道理，简单地增加推进剂对提升火箭的加速能力帮助并不大，因为每增加一份推进剂，这份推进剂会有很大一部分需要用到自己身上。就像行军打仗时运送粮草一样，运送粮草的牲畜本身也是需要消耗粮草的。当距离很远的时候，增加运送粮草的牲畜并不一定能够运送更多的粮草。

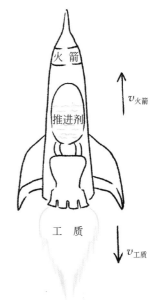

$$(m_{火箭本体}+m_{剩余推进剂})v_{火箭}=m_{工质}v_{工质}$$

图 6-1　火箭反冲运动与动量守恒定律

苏联航天前辈齐奥尔科夫斯基给出了一个精确计算的公式，也就是齐奥尔科夫斯基公式，即：

$$\Delta v = v_e \ln \frac{m_0}{m_k}$$

$$m_0 = m_k e^{\frac{\Delta v}{v_e}}$$

注：公式中的 Δv 为速度增量，v_e 为喷出的工质相对于火箭的速度，m_0 和 m_k 分别为发动机工作开始和结束时的火箭质量，e 为自然对数。

漫威公司的几乎每一位超级英雄都有着不幸的过去。蝙蝠侠自幼父母双亡，蜘蛛侠经常被同学欺负，超胆侠则双目失明。但英雄们仍然保持了对人类的热爱，一次次拯救我们的世界。

我们的主角齐奥尔科夫斯基似乎满足了超级英雄的所有特质。他活泼，爱思考，爱幻想，希望自己有一天能够具备超能力。不幸的是，他在 10 岁的时候生了一场重病，导致耳朵近乎全聋，自此他成为了其他孩子们嘲笑和霸凌的对象。但是，他并没有放弃自己,反而因此有了更强的专注力,把全部的精力放在了学习各种科学知识之中。20 岁那年,他成为了一名中学老师,这只是他的表面职业,除了日常的教学工作外,他的隐藏身份则是一名航天科学家。在他的一生中,完成了 400 多篇论文和专著,硕果累累。也许,超级英雄"航天侠"康斯坦丁·爱德华多维奇·齐奥尔科夫斯基,这样的称呼更能够让这位老前辈满意吧。

看不懂公式没关系,也没有必要看懂,我们可以直接看图。从图 6-2 的上图可以看出,在火箭本体重量 m_k 和火箭发动机喷出工质的速度 v_e 不变的情况下,虽然可以不断增加推进剂,也就是增大初始重量 m_0,但是得到的速度增量 Δv 却越来越小,这就是我们常说的对数增长。而图 6-2 的下图则给了我们另一个视角,当我们要求火箭提供更大的速度增量 Δv 时,对初始重量 m_0 的要求则增长极快,这时我们说 m_0 是按指数增长的。

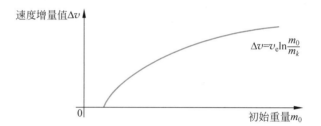

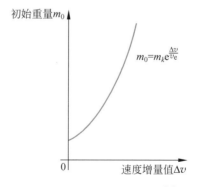

图 6-2　齐奥尔科夫斯基公式[1]

当然,除了简单粗暴地按照指数往火箭中塞推进剂之外,还是有很多聪明的办法。比如在飞行过程中把多余的火箭外壳扔掉、减轻重量,这也就是我们常说的多级火箭;

再比如如果需要的火箭太大、我们造不出来,那么可以把需要送往太空的部件分几次发射上去,然后到太空中再对接、组合成一个整体后,继续向更深远的太空进发;最后,就是降低 m_k,也就是说,尽量减少需要送往目的地的货物重量和火箭本体的重量。

明白上述道理之后,你就会明白,当火箭把你的座驾推到第二宇宙速度的时候,所剩的推进剂不会太多了。虽然你能够以这个速度快速奔向月球,远远甩掉那些地面的赛车手们,但是不幸的是,你没法手握方向盘,享受飙车的操控感,因为你必须精打细算地使用剩下的推进剂,纠正轨道的微小误差,而到靠近月球的时候,你还需要依靠它们来为你减速,否则你就会远离我们的地月系,直奔茫茫太空了。

6.4　收获

想象一下,也许在不久的将来,我们就可以像考汽车驾照一样考取飞往月球的飞船驾照。但是驾驶一辆高速行驶的飞船奔向月球的过程却不像驾驶汽车那么有趣,在大部分情况下,你会发现自己什么都不用做,只需依靠飞船的自动驾驶程序,而你的"爱船"的引擎在大部分时间是关闭的,它只是遵循着牛顿定律在既定道路上无声地滑行,自然也无法听到充满力量感的引擎咆哮声。在极少数情况下,你才能轻轻转动方向盘,但是此时心里还得计算着转动方向盘的次数,因为这个次数是有限的,在把配额用完前,必须要到达你需要去的地方。

当然,驾驶过程的无趣并不会影响到你的心情,旅途的艰辛也不会让你感到沮丧,因为窗外是一个全新的世界,你能够以一个前所未有的视角来回望养育了人类和无数奇妙生命的蓝色星球,那是我们壮美的家园。

参考文献

[1] 胡其正,杨芳. 宇航概论[M]. 北京:中国科学技术出版社,2010.

第 7 章　卫星的"墓地"

如果宇宙中真有什么终极的逻辑……那就是我们终有一天会在舰桥上重逢,直到生命终结。承认了吧,对于像我们这样的人来说,旅途本身,就是归宿。

——史派克(《星际迷航》系列电影中的人物)

7.1 庞大的卫星家族

自从 1957 年 10 月 4 日苏联发射第一颗人造地球卫星开始,截至 2018 年年底,人类一共已经发射了近万个航天器,其中大约有 3700 颗卫星仍然在天上,但只有 1400 余颗还在正常工作。

仔细看图 7-1,可以在距离地球很近的位置看到一大片黄色的小点,这是低轨(Low Earth Obit,LEO)卫星,轨道高度大约是七八百千米,这样的低轨卫星占了全部卫星中的大多数。图中有一个很大的圆,上面也密密麻麻地分布了许多卫星,那就是著名的地球静止轨道(Geosynchronous Orbit,GEO),轨道高度大约是 36 000km。轨道高度介于 LEO 和 GEO 之间的是 MEO(Medium Earth Orbit),也就是中轨道,轨道高度在 2000km 到 36 000km 之间。

图 7-1 地球轨道上的卫星

图 7-2 是在 GEO 轨道上的卫星分布情况,在欧洲等经济发达地区上空卫星已经非常密集。GEO 轨道是一个很特殊的轨道,轨道高度必须是 35 768km。在这个轨道上,轨道倾角为 0°,卫星的周期与地球自转周期相同,所以相对地球是静止的。GEO 轨道资源相当稀缺,因为这种轨道其实只是一个圆形而不是一个球面,再考虑到卫星不可能像停车场中的汽车一样紧挨着,相互之间要有一个保护间隔,避免碰撞和无线电干扰,所以实际能够容纳的卫星数量就是一个基本固定的数字。

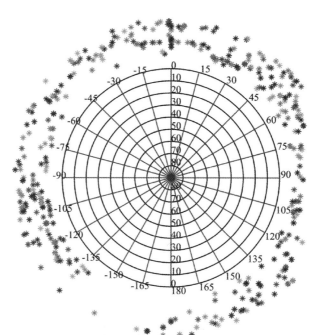

图 7-2　GEO 轨道上分布的卫星

如果卫星能够完成预定的任务，达到预期的寿命，可以认为是"寿终正寝"。但不同轨道高度的卫星，"死法"有很大的不同。卫星的寿命到了，已经不再有使用价值，但是我们希望这些"死去的"卫星不要变成太空垃圾，影响其他卫星的正常工作。

对于低轨和中轨卫星，通常采用的办法是用剩余燃料将卫星推入大气层，相当于"安乐死"，然后火化。这种"死法"肯定是最环保的，卫星离轨的时候在天空中像流星一般闪过，真正地燃烧自己，发出最后的光与热，也算"死得其所"。但其中有一些个头很大的卫星，经过大气层也无法全部燃烧掉，会像陨石一样坠落地面。为了避免陨落的卫星碎片砸坏地面的花花草草，就需要找一个稳妥的地方。因此就需要控制好这些卫星的陨落轨道，让它们准确地落到事先准备好的"墓地"里。

这个"墓地"的选择就很讲究了。除了南极地区，人类的日常足迹已经几乎遍布全球。就算是南极也有许多科考站，因此陆地肯定不是一个好的选择。地球上的大海如此广袤，所以控制卫星落入大海显然是最稳妥的。但是海洋如此之大，具体选择哪里呢？要知道卫星寿命终了，剩余燃料已经不多，而且多数卫星并不是按照返回地面设计的,最后的陨落轨道也很难精确控制。比方说如果选择在东南亚地区,那么稍有偏差就会落入附近有人居住的岛屿,那就麻烦了。因此,我们需要寻找一个大海中距离地球上已知陆地最远的地方,选择那里作为卫星"墓地"是安全系数最大的,就算最后的陨落轨道偏差几百千米都无所谓。于是工程师们就拿起地图,寻找这个理想的卫星"墓地"。最后,各航天大国都不约而同地把"墓地"选择在遥远的南太平洋中一个叫作"尼莫点(Nemo Point)"的地方。

尼莫点位于南纬 48°52.6′、西经 123°23.6′,如图 7-3 所示,它是海洋中离陆地最远的一个点,距离最近的陆地也有 2685km。不仅距离陆地遥远,由于洋流原因,那里缺乏海洋生物所需的各种养分,所以没什么鱼,自然也就不会有渔民在那里打鱼。

尼莫这个名字来源于儒勒·凡尔纳的著名科幻小说《海底两万里》里的人物——尼莫船长,它的拉丁文意思恰好是"没有人"。尼莫点真称得上是地球上最安静和最孤独的地方,几乎没有任何人来打扰,的确是一块最好的卫星"公墓"选址。从太空中陨落的卫星残骸就安葬在这里,死得其所。目前这片面积约 1500km² 的海域中,已经安葬了大约 260 多个卫星遗体,其中最大的要数重达 120t 的苏联"和平"号空间站,它在 2001 年陨落于此。

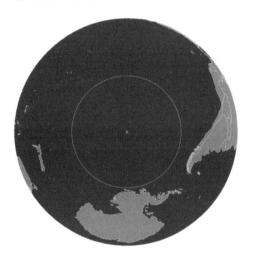

图 7-3　尼莫点的位置

但 GEO 轨道由于距离地球太远,在那里已经几乎没有大气存在,所以当 GEO 轨道卫星寿命终了时,很难重新进入大气层烧毁。又因为其轨道位置是稀缺资源,必须腾出来地方给新的卫星使用,所以就会预留一点燃料,把失效卫星推离原来的位置,送入所谓的"坟墓"轨道。由于 GEO 轨道上的卫星数量急剧增加,每年都会有卫星寿命终了或者失去控制,这样就会对正常运行和未来计划要发射的卫星形成很大的威胁。

为了解决这个问题,国际上成立了一个叫作"机构间空间碎片协调委员会(IADC)"的组织,专门协调处理空间碎片问题,努力减少空间碎片的产生[1]。IADC 建议各国在 GEO 轨道卫星寿命终了后,利用最后的燃料把卫星推到 GEO 轨道上方至少

200km 以外。几十年下来,在太空中慢慢形成一个巨大的"坟场"。这种死法类似于"天葬",在那里,这些卫星将永远存在下去,也许再过几百年,会变成一个太空旅游景点。

所以卫星的归宿有三种:一种是如《红楼梦》中贾宝玉所说,"化成灰,化成烟,消失得无踪无影";另一种是先火化再海葬;还有一种就是"天葬"。

7.2 特殊的"死法"

除了上面讲的这些"寿终正寝"的卫星,还有很多卫星在发射之后,由于某些特殊的原因,也许很快,也许过一段时间,就没法正常工作了,相当于得了重病。得了病肯定得治,工程师会采用各种办法抢救卫星,"治疗"后通常可以部分挽回卫星,但一般会造成卫星功能受损或者寿命缩短,相当于"折寿"。还有些特殊的意外情况,比如卫星被空间碎片击中,或者是互相碰撞、造成解体,就会"死得很惨"。

7.3 太空交通事故

虽然人类已经发射了这么多航天器,而且由于各种原因,在近地空间还存在许多空间碎片(见图 7-4),但是卫星和卫星直接相撞这样的严重交通事故极少发生。这主要是因为地球本身是一个相当大的天体,周围的空间很大,卫星的分布密度相对还是很小,所以相撞的概率很低。不过由于太空垃圾也就是空间碎片日渐增多,空间碎片撞上卫星或者国际空间站这样大型航天器的概率还是不可忽视的,电影《太空救援》讲述的就是空间站被碎片击中后产生的一系列严重问题。

因此,包括美国、中国在内的航天大国

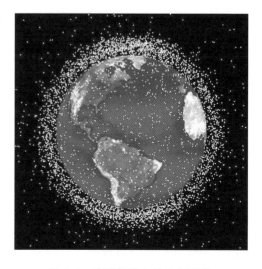

图 7-4 地球轨道上的空间碎片

都建立了空间碎片的追踪和预报机制,这样就可以通过临时变轨等措施避免严重的事故发生。美国已经建成了一个由分布在全球的 25 个陆基雷达站点组成的空间碎片监视网。据统计,目前 NASA 跟踪的空间碎片超过 50 万个,其中直径大于 10cm 的碎片就有 2 万个,而且增长的速度非常惊人。

卫星和卫星直接相撞的事故迄今为止只发生过一次。2009 年 2 月 10 日,美国铱卫星公司的商用通信卫星"铱星 33 号(Iridium 33)"与俄罗斯一颗已经报废的军用通信卫星"宇宙 2251 号(Kosmos 2251)"不幸地在西伯利亚上空约 790km 处相撞,这是历史上首次发生卫星相撞事故。相撞之前两个卫星的轨道如图 7-5 所示,它们的在轨时间都已经超过 10 年。"宇宙 2251 号"早在 2004 年就已停止工作,但不知由于什么原因,俄罗斯并没有将其坠入大气层烧毁或坠入大海,而是任由它像幽灵一般在太空游荡,终于闯了大祸。这次碰撞产生了大量空间碎片,如图 7-6 所示。

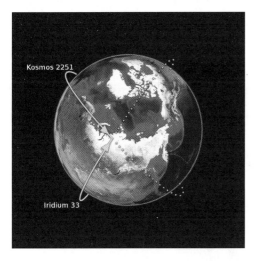

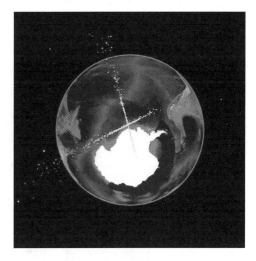

图 7-5 相撞之前两颗卫星的轨道[2]   图 7-6 相撞后 50 分钟产生的空间碎片[2]

更奇怪地是,前面已经谈到,NASA 对稍大一点的空间碎片都有追踪,为何没有能够预报这么大的废弃卫星? 据报道,原因是俄罗斯的卫星失控,脱离原定轨道,事发突然,但这又与俄方的说法不尽一致,不禁引起人们的种种猜想。

这种"死法"应该算是交通事故,卫星最后往往变成了许多碎片。

7.4 失控坠落陆地

因为某些原因,卫星可能在发射后或者工作一段时间后失去控制,这种情况下,卫星所有者就无法对卫星实施"安乐死",让它坠入大海。卫星失控后会逐步坠入地球,由于体积较大,总会有一些碎片将坠入大海或者地面。坠海的影响较小,但如果不幸坠入人口稠密的城市或者某些重要设施,那危害就很大,好在这样的事故发生的概率较低。

20 世纪 70 年代,苏联发射了许多核动力卫星,这样做的目的是满足侦察卫星在很低的轨道运行所需的能源。1978 年,其中一颗卫星(Kosmos 954)失控后坠入地球,最后落到了加拿大西北部。麻烦的是由于卫星采用核动力,碎片都带有很强的辐射性,因此严重污染环境。如图 7-7 所示,经过搜索,加拿大政府最后找到了大大小小 3000 个放射性碎片,并向苏联政府索赔 1500 万美元,这在当时绝对是一个不小的数目。"吃一堑,长一智",后来苏联和俄罗斯都没有再发射核动力卫星。这样的卫星真是"临死"还要闹个大动静。

图 7-7　加拿大搜索卫星碎片[3]

类似的卫星失控后坠地事故时有发生。1979 年,美国"天空"实验室坠落到澳大利亚;1991 年,苏联的"礼炮 7 号"空间站失控坠落到南美洲某地。不过好在都没有造成人员伤亡。

7.5 "死而复生"

卫星设计的难点之一就是可靠性必须极高,我们生活中的其他工业品通常都是可以维修的,但是卫星一经发射,几乎无法维修。不过美国的航天飞机在退役之前,曾经成功地从太空中"抓"回了两颗失效卫星,其中一颗维修后还卖给了中国香港的亚太卫星公司,成为"亚洲一号"卫星。

事情是这样的。1984 年,美国一家叫作 Western Union 的通信公司委托休斯公司制造了一颗 GEO 轨道的通信卫星 WESTAR6。1984 年 2 月,这颗卫星和印度尼西亚的 Palapa B-2 卫星共同由"挑战者号"航天飞机送入太空。没想到,由于卫星的发动机故障,两颗卫星后来都没有进入预定轨道。虽然如此,但是两颗卫星本身都还状态良好,经过仔细的分析和评估,大家觉得完全可以用航天飞机回收这两颗卫星,在经济上也划算。

1984 年 11 月 12 日,"发现号"航天飞机回收了 Palapa B-2 卫星;11 月 14 日,航天员 Dale A. Gardner 出舱,成功回收了 WESTAR6 卫星(见图 7-8)。

图 7-8 航天员 Dale A. Gardner 手持"待售"的标识,准备回收卫星[4]

1990 年,WESTAR6 卫星修好后由"长征三号"运载火箭在西昌重新送入太空,并顺利工作了 13 年才退役。这真是卫星"起死回生"的奇迹。

7.6 卫星延寿

大型卫星都很昂贵,有些 GEO 轨道的通信卫星的价格会超过 5 亿美元。如此昂贵的卫星"寿终正寝"的原因却常常只是维持轨道的燃料用完了,所以如果我们可以像飞机空中加油那样给卫星在轨加注燃料,就可以延长卫星的寿命。NASA 计划发射一种特殊的燃料加注卫星 Restore-L,为卫星补充燃料,如图 7-9 所示。

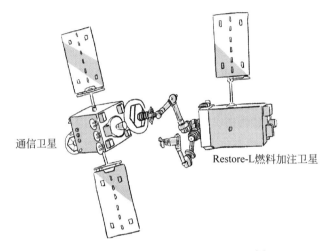

通信卫星

Restore-L燃料加注卫星

图 7-9　卫星在轨加注燃料(**NASA**)[5]

航天飞机已经退役,如果卫星发生了其他故障,目前并无技术手段能够提供太空中的维修服务。不过,美国国防部高级研究计划署(DARPA)已经在着手研发名为"地球同步轨道卫星服务机器人"的维修机器人飞船,计划于 2023 年发射,该飞船利用一个机械臂为昂贵的 GEO 轨道卫星提供维修服务。

7.7 太空"盗墓"计划

GEO 轨道卫星"寿终正寝"后将被送入"坟墓"轨道,进入太空卫星"墓地"。由于这些卫星往往只是由于燃料用尽或者某些设备故障,还有许多能够正常工作的天线、功放等昂贵的零件,如果能够回收的话,将会是一笔不错的生意,这特别像盗墓。据估计,这个太空"墓地"价值超过三千亿美元。2011 年,美国 DARPA 曾经发起一个叫作

"凤凰计划"的项目(见图7-10),其寓意是期望这些太空垃圾能够凤凰涅槃,变废为宝。凤凰计划相当雄心壮志,计划从废旧卫星上取下天线和太阳能电池阵等容易复用的昂贵设备,然后再将其运送到国际空间站,在太空中重新组装到一个模块化的卫星平台上。

图7-10 "凤凰计划"构想图[6]

人类发射的卫星越来越多,原来宽敞无比的轨道已经非常拥挤。可以预见在不远的将来,恐怕连卫星的"墓地"都会成为稀缺资源。如何妥善处理这些"死去"的卫星,如何让卫星轨道保持干净整洁,将日趋成为人类社会面临的新问题。

参考文献

[1] 联合国. 和平利用外层空间委员会空间碎片缓减准则[S/OL]. http://www. unoosa. org/ documents/pdf/spacelaw/sd/COPUOS-GuidelinesC. pdf.

[2] 2009 satellite collision[EB/OL]. https://en. wikipedia. org/wiki/2009_satellite_collision.

[3] Kosmos 954[EB/OL]. https://en. wikipedia. org/wiki/Kosmos_954.

[4] Gardner holds up a "For Sale" sign after Palapa B-2 and WESTAR VI were recovered[EB/OL]. https://en. wikipedia. org/wiki/Dale_Gardner.

[5] NASA's Restore-L Mission to Refuel Landsat 7, Demonstrate Crosscutting Technologies[EB/OL]. https://www. nasa. gov/feature/nasa-s-restore-l-mission-to-refuel-landsat-7-demonstrate-crosscutting-technologies.

[6] DARPA's Futuristic Phoenix Satellite Recycling Project[EB/OL]. https://www. space. com/16490-darpa-phoenix-satellite-servicing-images. html.

突破篇

第 8 章　北极站选址的故事

我的野心让我不止比前人走得更远，而是尽人所能走到最远。

——詹姆斯·库克（英国探险家）

想象力比知识更重要，因为知识是有限的，而想象力概括着世界的一切，推动着进步，并且是知识进化的源泉。严格地说，想象力是科学研究中的实在因素。

——阿尔伯特·爱因斯坦（美国科学家）

8.1 引子

2016 年 12 月 16 日,中央电视台的新闻联播节目播出了这样一则新闻:"我国第一个海外陆地卫星接收站——中国遥感卫星地面站北极接收站(简称'北极站')今天在瑞典基律纳通过现场验收并投入试运行"。这条新闻占据了新闻联播的 2 分钟时间,这很能说明其重要程度。北极站是中国第一个位于海外的陆地卫星接收站,它的开通对提升我国遥感卫星的全球数据接收、获取能力意义重大。

极光中的北极站真是美极了。在如彩带般飘动的绿色极光下,白色灯光照射着巨大天线,红色的警告灯在闪烁,这里是世界上最美的遥感卫星地面接收站之一。

"吃瓜群众"看看热闹也就完事了,可我们的读者不一般,当然不能轻易略过这条新闻。我们会问,为什么要跑那么远,到那么冷的北极去搞个地面站,中国地大物博,总不会是因为地价太贵吧? 就算为了美丽的极光,为啥不去南极呢? 去南极的话还可以顺便看看企鹅,况且北极地区还没啥陆地。

北极站选址于瑞典基律纳航天中心。基律纳(KIRUNA)是瑞典最北的城市,这里已经是北纬 67°53′,比北极圈还要再向北 200 km,如图 8-1 所示。基律纳这个名字源于萨米语中的"Giron",意为一种白色的雷鸟(Ptarmigan)。冬季这里白雪皑皑,圣诞节的极光、狗拉雪橇、驯鹿,还有冰旅馆,让这里成为极受欢迎的旅游胜地。

显然不是因为极光太美才跑到这个距离中国如此遥远的远方,但上面的两个问题其实一点都不好回答,让我们慢慢讲述为啥要在旅游胜地、极光之城基律纳修建地面站的故事。

图 8-1 基律纳(KIRUNA)的地理位置

8.2　遥感卫星的"史前"时代

全世界大约 1300 颗正常在轨工作的卫星当中,有三分之一都是遥感卫星。当然也有很多人把它们叫作侦察卫星,因为这种卫星开始的确是主要用于军事侦察的。你完全可以把遥感卫星理解成一个绕着地球转的大相机,这些相机从距离几百千米外的地方对地球拍照,拍完了照片当然还要想办法把照片传回给地面才行。

航空迷一定都知道大名鼎鼎的 U2 侦察机,这是美国在冷战时期研制的一种高空侦察机,后来因为有了所谓的侦察卫星,U2 飞机也就慢慢退出了历史舞台。在胶片相机的时代,遥感卫星相机使用的也是胶片,只不过那的确是一部很大的相机。为了从几百千米外能看清楚地面目标,相机的焦距必须很大,所以就一定有一个巨大的镜头。大家可以回想一下足球比赛时场边体育记者手持的"长枪短炮",遥感卫星的镜头比这些镜头还要大上几个数量级,焦距可以达到 4m 以上。

许多著名的侦察卫星,比如之前提到过的"锁眼"卫星,整个卫星就相当于一个大相机。把这么大的卫星送上天可不容易。更麻烦的是,因为是胶片相机,所以当卫星拍完照片后,必须得把胶卷送回地面才能冲洗,然后交给情报人员分析。怎么把胶卷送回来是一门大学问。中国早期的返回式遥感卫星就是拍完照片后,用返回舱把胶卷送回地面,所以才称为返回式遥感卫星。

可是这样做还不够,因为侦察卫星和相机太昂贵了,仅仅因为胶卷用完了就把卫星报废,实在太浪费。在冷战时代,美苏争霸,为了获取对方的战略情报,双方都特别舍得花钱,所以发射了很多很多颗这种侦察卫星。截至 2003 年,苏联/俄罗斯发射的成像侦察卫星就达 824 颗之多。

为了降低成本,苏联的工程师们发挥聪明才智,发明了一种可以叫作"母鸡下蛋"式的侦察卫星。这种侦察卫星有好多个胶卷舱,每拍完一卷,就把装有这卷胶片的胶卷舱"扔"回地面,就像母鸡隔几天下一个蛋。比如苏联的"蔷薇辉石-1"遥感卫星,在它的"腰部"装有一圈胶卷回收舱,其数量约为 10～12。这些回收舱的连接装置设计独特,可以让每个回收舱依次绕星体转动到特定位置以装入曝光后的胶卷,然后同星体分离并返回地面,如图 8-2 所示。

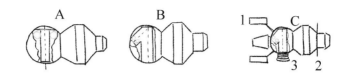

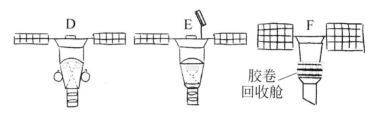

图 8-2 "蔷薇辉石-1"遥感卫星的胶卷回收舱

渐渐地,大家觉得这么做还是效率太低。即使采用"母鸡下蛋"式,拿到一个胶卷舱还是会晚上好几天。当数字电路技术和通信技术快速发展后,航天工程师就开始研制所谓的传输型遥感卫星,用大白话说就是将数码相机放在卫星上拍照,然后直接通过无线通信把照片传回地面。这样在卫星拍完照片后,地面可以很快得到数据,而且可以大大延长侦察卫星的寿命,降低成本。

于是,当我们进入了数字时代,胶片式的遥感卫星就慢慢被淘汰了,遥感卫星都用上了数码相机。而且这些遥感卫星还必须自带无线传输,就像现在的数码相机拍完照片后可以直接传到你的手机上,传输型遥感卫星一边拍照,一边把照片向地面传输,这就需要地面上有和卫星协同工作的地面站配合。

说了这么多,终于该故事的主角——地面站出场了。

8.3 为什么要在极地建设遥感卫星接收站？

讲到地面站,故事又得绕得远一些,先说说卫星轨道。世界上大多数遥感卫星都采用太阳同步轨道(Sun-Synchronous Orbit, SSO),这是一种神奇的轨道。太阳同步轨道的意思是卫星在绕地球运动的每一圈,在经过同一纬度上空的当地时间都相同。比方说,某颗卫星运行于太阳同步轨道,今天上午 10 点经过北京上空,那么它下一次经过北京上空时,仍然是上午 10 点。这样一来,就可以保证卫星对地面拍照的时刻是固定的,拍照的光照条件也是相同的,而这对于保证卫星对地成像质量非常有利。这就要求我们必须想办法保证,卫星的轨道平面与"地球—太阳"连线保持一个固定的夹角。

但是做到这一点并不容易,卫星绕着地球转,同时地球还在绕着太阳公转。卫星绕着地球旋转的这个平面叫作轨道平面,它和赤道平面的夹角称为轨道倾角 i。确定一颗卫星的轨道位置需要六个参数,如图 8-3 所示。

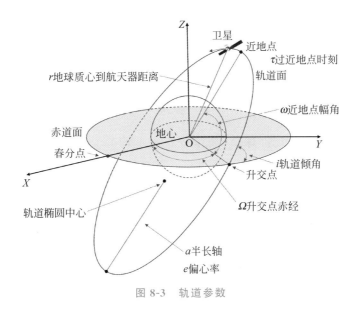

图 8-3　轨道参数

地球绕太阳转一圈,也就是一年时间过去,卫星的轨道平面也应该恰好转过 360°。也就是说,卫星轨道平面平均每天转过的角度 $\Delta\Omega$ 应该与太阳在黄道上运动的平均角速度 $\Delta\theta$(即地球绕太阳公转的平均角速度)相同,如图 8-4 所示。

$$\Delta\Omega = \Delta\theta = 360°/365 \text{ 天} \approx 0.986°/\text{天}$$

卫星上携带有燃料,有发动机,当然可以不断让发动机工作来改变轨道倾角,从而实现与太阳同步。但是这样做代价太大,因为改变轨道面非常消耗燃料,进而导致卫星的寿命很短。感谢宇宙,幸运的是,我们居住的这个星球并不是标准的球体。

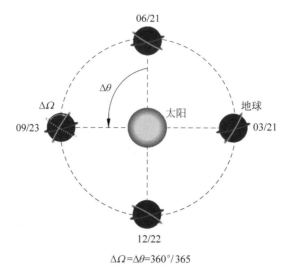

$$\Delta\Omega = \Delta\theta = 360°/365$$

图 8-4　太阳同步轨道

　　地球实际上是一个非标准球体,质量分布也不均匀。在赤道处地球呈隆起状态,赤道半径比两极半径要长 21.5km;赤道也并不是一个圆,而是一个椭圆,长轴比短轴长了 138m,所以说地球像一个中间粗一点的鸭梨。不规则的形状就会对卫星产生非球形摄动力。摄动力作用的结果之一是使卫星轨道面产生"进动",也就是说轨道平面会转动,如图 8-5 所示。这其实很好理解,就是地球赤道上突起的那部分质量会拉着卫

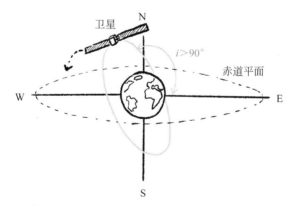

图 8-5　轨道倾角大于 90°时的进动

星的轨道面运动。简单来说,轨道平面的进动和轨道倾角有关系。如果轨道倾角小于90°,那么轨道面会西退;如果轨道倾角大于90°,轨道面就会东进;轨道倾角等于90°时就不会产生进动。

经过很多数学家、天文学家的努力,终于定量地得到了这种地球非球形摄动的影响规律。这样一来,只要我们选择一个合适的轨道倾角,让轨道平面的进动向东进,而且速度恰好等于0.986°/天,那么就可以实现太阳同步了[1]。典型的太阳同步轨道高度大约在800km左右,所需要的轨道倾角大约是98°,所以在这个轨道工作的卫星相当于在两极之间转圈,因此也称为极轨卫星,如图8-6所示。

当轨道倾角大于90°时,卫星的运行方向和地球自转方向相反。这带来一个小麻烦,因为发射极轨卫星时,运载火箭需要向西南方向发射,但是这样就没法充分利用地球自转速度,需要消耗更多的火箭燃料。中国的太阳同步轨道卫星都选择在位于北方的太原卫星发射中心发射,就是因为火箭需要向西南发射,如果发射场位置太靠南,很快就会进入公海,以至于没有足够的测控时间。

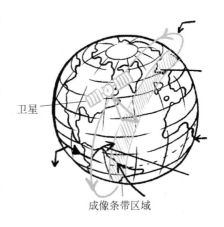

卫星

成像条带区域

图 8-6　极轨遥感卫星

太阳同步轨道卫星绕地球转圈,每一圈通过的地面位置自然是不同的,但几乎每一圈都会飞越极地上空。卫星拍完照片,肯定还需要把数据传给地面站,那么地面站就必须建在卫星轨迹的下方(专业术语叫作"星下点")附近。所以要接收一颗太阳同步轨道卫星的数据,如果希望能够无缝接收,就需要在地面上分布许多个地面站。如果只有一个站,那就得隔一段时间才能收到数据。我国的国内站获取某一区域数据的最长时间间隔理论上会超过7小时,平均每天可以接收卫星照片约5轨。

这个问题有两种解决办法。一种是在全球各地建地面站,当然这么做的成本极高。事实上,美国不仅在全球建设了多个地面站,必要时还可以使用其他国家的地面站作为支援,全球部分遥感卫星地面站的分布情况如图8-7所示。

阿拉斯费尔班克斯加地面站　美国沃罗普加地面站　挪威斯瓦尔巴地面站　瑞典基律纳地面站　德国魏尔海姆地面站　新加坡地面站

夏威夷南角岬加地面站

美国白沙地面站　智利圣地亚哥地面站　南极特罗尔地面站　南非Hartebeesthoek地面站　南极麦克默多站地面站　澳大利亚当加拉地面站

图 8-7　全球部分遥感卫星地面站的分布情况

另一种办法就是在两极地区建立地面站,因为卫星几乎每转一圈都经过极地上空,所以只要建一个站就可以大大缩短数据接收间隔。事实上,中国北极站获取上述同样区域数据的最长时间间隔不会超过 3.5 小时,全球任意地区数据的平均获取时间间隔不超过 2 小时。所以这的确是一个非常好的解决方案。世界上其他国家也都不笨,早就认识到这一点,在瑞典基律纳航天中心以及挪威斯瓦尔巴群岛都有许多国家的遥感卫星地面站,如图 8-8 所示。

图 8-8　挪威斯瓦尔巴群岛的众多遥感卫星地面站[2]

8.4　为什么选北极而不是南极?

好学如你,必不会就此止步。刚才只解释了为什么要在极地建设地面站,但为什么不是南极,而选择北极呢?

　　简要地说,选择北极的原因主要是工程上的,而不是科学上的。美剧《生活大爆炸》中的理论物理学博士"谢耳朵"总是瞧不起工程师霍华德,但实际上做一名合格的工程师一点都不容易。南极和北极虽然在理论上都可以达到快速接收遥感卫星数据的目的,但两者工程建设的难度却是天壤之别。

　　一个典型的遥感卫星地面站,最醒目的建筑就是那座大天线。天线口径一般是6m左右,而且天线在接收数据时还需要跟踪卫星。这么大的天线,如何防风? 如何供电? 在大部分地区这都不是问题,但到了极地,就变成需要采取特殊措施解决的重要问题。

8.4.1　南极和北极的气候

　　北极地区长期有人类生活,南极则是直到1820年才被人类发现的。直至今日,世界各国也只是在南极建立了若干个科学考察站,南极常驻居民只有数量极其有限的科学家。下面让我们对比一下南、北极的气候条件。

　　基律纳的纬度已经达到北纬67°,纬度与其接近的中国南极中山站位于南纬69°的拉斯曼谷陵上。中山站年平均气温在−10℃左右,极端最低温度达−36.4℃,每年8级以上大风天数达174天,极大风速为43.6m/s。这样严酷的条件下,建立和稳定运行一个地面站是很困难的。相对而言,基律纳虽然地处北极圈内,但由于受北大西洋暖流的影响(见图8-9),比同纬度的其他地区温暖许多,在最冷的一月份,平均最低气

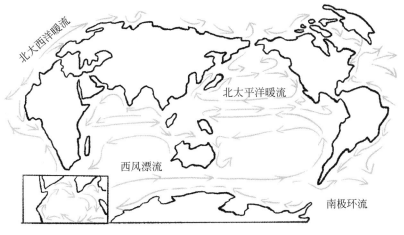

图8-9　全球主要洋流示意图

温也就是−13.8℃,甚至比纬度低很多的哈尔滨都暖和不少。

洋流对全球气候的影响极大,南极地区气候条件恶劣的重要原因在于南极环流。受南极环流(见图8-10)影响,整个南极大陆的气温要比北极地区寒冷不少,风也更大,这些都是非常不利于人类基本生活的,更不要说长期、稳定地运行一个地面站。

图8-10 南极环流示意图

南 极 环 流

位于南纬40°~60°的西风环流非常强劲,它的存在使南极地区周围形成了一个极其特殊的风"屏壁",从而大大地阻碍了热带地区的暖气流进入南极洲,再加上白色的南极冰盖像一个巨大的反光镜,将绝大部分接收到的太阳辐射都反射回空中,这些因素最终导致南极变成了世界的"冷极"。南极被巨大的冰山围绕,因此进入南极非常不容易。伟大的探险家库克船长在穿越南极圈后,曾经抵达距离南极大陆只有240km的地方。但是因为冰山环绕,他认为南极大陆并不存在,所以非常令人遗憾地放弃了计划。

8.4.2　基础设施

除了气候条件较好,基律纳还有一个有几万人生活的小城市,因此基本的电力、交通、通信设施都很完备,这就给地面站长期运行提供了良好的基础条件。

要知道基律纳还有目前世界上最大的铁矿之一,而且铁的品质非常好。这里的铁矿开采已有 70 多年的历史,多年的开发使得公路、铁路等基础设施十分完备,这些都给地面站的建设带来了极大的便利。否则,如果我们到南极去,所有的物资都需要用船运过去,仅仅是维持地面站运行所需的能源供给就是一个非常难以解决的问题。

这些困难都还能够克服,最麻烦的是通信问题。遥感卫星拍摄的照片传输到地面站,但这里不是数据传输的终点,还需要把它们传回国内的数据中心。因为基律纳有光纤,租用很方便,花钱能解决的都是小问题。而在南极只能用通信卫星,通常只有几兆位每秒的带宽,可是你知道一个典型遥感卫星下行数据的带宽是多少吗?差不多 1Gb/s。如果用这个速度来传输,个人笔记本电脑最多支撑两个小时的接收任务,硬盘就会写满了。如果没有很好的通信基础设施,就是建了一个地面站,也很可能变成摆设,因为它只是一个孤立的数据节点,无法物尽其用。

8.5　故事没有结束

事情也不是绝对的,虽然我们说在南极建设地面站极为不易,可是美国就在南极圈内南纬 72°的特罗尔(见图 8-11)建了地面站(见图 8-12),而且一建就是两个。

美国的南极站和设立在北极圈内(挪威斯瓦尔巴(Svalbard)群岛)的北极站协同工作,拥有 7.3m 口径的大天线,使遥感卫星数据下行的周期缩短到 40min,每天可以 26 次下行数据。这样一来,遥感卫星的侦察效率就非常高,有助于维护美国在全球的战略利益。

讲到这里,我们"为什么要"和"为什么在"基律纳建遥感卫星地面站的故事就要告一段落了。但故事永远不会结束,因为技术进步没有尽头,随着新的技术出现,总有新的故事可讲。当人类向更远的宇宙进发时,肯定有一天还需要在月球、在土星上建立长期运行的前进基地。

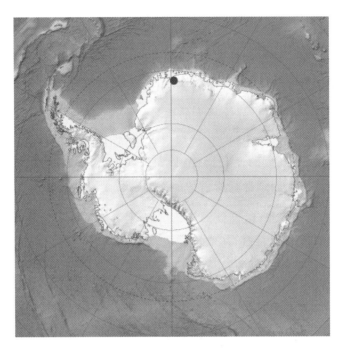

图 8-11　美国在南极特罗尔所建地面站的位置[3]

图 8-12　美国在南极特罗尔的地面站外景[4]

参考文献

[1] 彭成荣. 航天器总体设计[M]. 北京：中国科学技术出版社，2011.

[2] Svalbard Satellite Station[EB/OL]. https：//en. wikipedia. org/wiki/Svalbard_Satellite_Station.

[3] Troll Satellite Station[EB/OL]. https：//en. wikipedia. org/wiki/Troll_Satellite_Station.

[4] Troll Satellite Station（TrollSat）-Antartica[EB/OL]. https：//www. ksat. no/en/services％20ksat/troll％20satellite％20station％20page/.

第 9 章 "千里眼"的极限

事实上,阻碍科学进步的最大障碍是人们拒绝相信令人惊奇的事情会真的发生,这些人包括我们的科学家们。

——乔治 S. 特林布尔(NASA 载人航天器中心副主任)

9.1　引子

在《碟中谍》之类的好莱坞大片中,不仅是特工男主角,连侦察卫星也无所不能。特工只要打一个电话,稍等几分钟,卫星就从太空中拍摄到能看清车牌号码,甚至能分辨面部表情的高清照片,传到特工手机里。这些大片起到了一定的科普效果,可也大大提高了不知情的公众对于卫星不切实际的期望,以至于现实生活中有许多朋友担心,卫星那么强大,那我在室外解锁手机时,岂不是连解锁密码都可能被窃取?

于是,当人们发现遥感卫星对搜索失联的马航 MH370 航班无能为力时,就会质疑:花了那么多钱,真正的太空"千里眼"据说车牌都能看清楚,为什么这么大的飞机都找不到?

实际上就目前的技术水平来讲,搜索 MH370 对于全世界的航天大国,还都是心有余而力不能及的艰巨任务。要解释清楚为什么现实中的侦察卫星与好莱坞大片中的"千里眼"有如此大的差距,卫星到底能拍出多清楚的照片,就必须从它的基本原理说起。

9.2　从望远镜说起

侦察卫星是指用于军事侦察目的的一种遥感卫星,具体来讲主要有光学、雷达和电子侦察等类型。这其中数量最多、最常见的是光学侦察卫星,基本上可以把它理解为一台在轨道上运行的超级单反相机。

先看看单反相机的成像原理图(见图 9-1)。单反相机只有一个镜头,在成像 CCD 前有一块反光板,入射光经其反射后被一个五棱镜二次反射,再进入取景器。在拍摄的瞬间,反光板收起,入射光照射 CCD 成像,得到一张数码照片。

无论是单反相机还是侦察卫星上的相机,原理完全相同,最重要的组成部分都是镜头和成像介质。从胶片相机到数码相机,成像介质有了质的变化,侦察卫星的发展历程同样经历了从胶片到数字的巨变。但相比较而言,无论是单反相机还是侦察卫星的相机,镜头部分没有太大改变,从原理上讲,基本还是三百多年前刚发明时的样子。

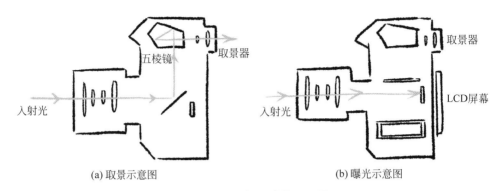

图 9-1 单反相机成像原理图

只不过侦察卫星的相机在太空中对地面成像,没有人在卫星上操作相机,自然没有取景器。除此之外,由于卫星距离地面很远,至少几百千米,所以镜头部分有很大不同。图 9-2 是"哈勃"望远镜的原理图,入射光经过两个凹面主反射镜反射后,再被一个二次凸反射镜反射,最后聚焦在 CCD 上成像。

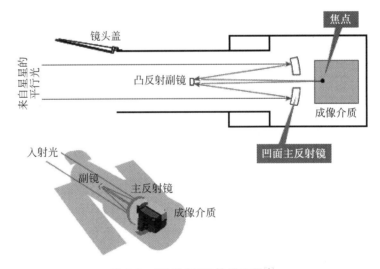

图 9-2 "哈勃"望远镜原理图[1]

所谓镜头,或者说光学聚焦系统,本质上相当于一个望远镜,不同之处无非是相机在目镜那里用某种成像介质代替了人的眼睛。由于人眼的晶状体能够很好地修正像差,所以望远镜不需要非常精密。而相机的成像部分可没有晶状体那么先进,所以镜头就必须使用复杂的光学结构,使像差降到可以接受的程度,因此就比望远镜复杂和昂贵得多。

镜头主要包括伽利略透镜折射式和牛顿反射式两种类型。折射式镜头的基本原理和几百年前的伽利略时代的折射式望远镜没有太大区别,都是采用一个透镜作为主镜(物镜),光线通过镜头折射汇聚于焦点,之后再通过一个凸透镜或者凹透镜作为目镜,从而成像。

1609 年秋天,伽利略发明了第一台天文望远镜。他使用凸透镜作物镜,凹透镜作目镜,制作出了一个放大倍数为 32 倍的望远镜。伽利略望远镜的影像是正立的,但是视野受到很大限制,如图 9-3 所示。

图 9-3 伽利略折射式望远镜原理图

后来,开普勒又在伽利略的基础上做了改进,改用凸透镜作为目镜,代替凹透镜。这样的好处是通过目镜后的光线是汇聚的,视野比较大,方便观测,但是影像是倒转的,如图 9-4 所示。现代折射式望远镜的基本原理与此相同,只不过使用了多组透镜改善色差。

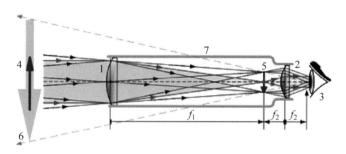

图 9-4 开普勒折射式望远镜原理图

(注:1—物镜;2—目镜;3—眼睛;4—成像物体;5—焦点;6—虚像;7—视线;f_1—物镜焦距;f_2—目镜焦距)

折射式望远镜有一个非常令人讨厌的缺点,就是会在明亮的物体周围产生模糊的"假色"。现在我们知道,那是因为所谓的"白光"其实是由不同颜色的光组成的,它们被透镜折射的程度不同,成像焦点自然也不同,就导致了模糊。

为了解决这个问题,1668 年,牛顿发明了反射式望远镜,它的基本原理是用一个曲面反射镜来作物镜,再用一个平面反射镜,将光线反射到侧面的焦平面上,如图 9-5 所示。

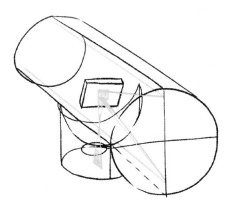

反射式望远镜最大的优点就是没有色差。这是因为光线不需要通过透镜材料本身,避免了折射式望远镜难以解决的色差问题。而且由于反射镜的造价比透镜低得多,所以口径特别大的天文望远镜一般都是反射式的。但是牛顿反射式望远镜也存在一个问题,就是球面像差的问题。

图 9-5　牛顿反射式望远镜原理图

色 差 问 题

1666 年,牛顿发现白色的太阳光其实是由赤、橙、黄、绿、青、蓝、紫七种颜色的光组成的。于是牛顿想到,折射式望远镜令人苦恼的色差问题正是由于透镜对不同颜色光的折射率不同造成的。因为反射镜对所有光的反射都相同,反射角总是等于入射角,这样就可以避免色差问题。1668 年,牛顿制成了第一架反射式望远镜,它的物镜是用青铜磨制成的凸面反射镜。

球 面 像 差

球面像差是接近透镜或者反射镜中心的光线和靠近边缘的光线不能聚焦在一个点上。理想的镜面应该把所有入射的光线都聚焦在光轴的一个点,但实际上,由于球面像差,靠近光轴的光线会比距离光轴较远的光线更精密地汇聚。直观上,如果反射式望远镜的球面像差很严重,那么拍摄的照片会出现中间很清晰但是周边模糊、重影的现象。其实球面像差在折射式望远镜中同样存在,只不过被更明显的色差问题掩盖。

在牛顿反射式望远镜的基础上,科学家们又做了各种改进,发明出其他种类的反射式望远镜结构。其中最主要的是卡塞格林反射式和格里高利反射式,这两种望远镜都用抛物面反射镜作为主镜,区别在于副镜的不同。

法国物理学教授劳伦特·卡塞格林(Laurent Cassegrain)在牛顿之后提出了另一种反射式望远镜设计方案。他的想法是把副镜放在主镜的焦点之前,并使用双曲面镜。这样可以使得副镜反射的光线稍有发散,虽然放大率有所下降,但好处是可以消除球面像差,而且可以使焦距很短,如图 9-6 所示。这种方案在主镜中间开孔,让光线通过,目镜装在望远镜尾部。这种折叠光学的设计大大缩短了镜筒长度,当望远镜越造越大时,卡塞格林式光路设计的优越性就愈发凸显。

格里高利反射式望远镜和卡塞格林反射式基本类似,区别在于前者的副镜不是双曲面而是一个椭球面的凹面镜,如图 9-7 所示。

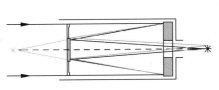

图 9-6 卡塞格林反射式望远镜原理图

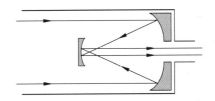

图 9-7 格里高利反射式望远镜原理图

望远镜的发明历程

和我们的叙述顺序不同,格里高利望远镜其实是最先被设计出来的,甚至早于牛顿发明反射式望远镜。詹姆斯·格里高利(James Gregory)是一位英国数学家和天文学家。1663 年,他出版了《光学的进程》,书中提出了用两个凹面镜制造反射式望远镜的思路。主镜设计成抛物面,副镜设计成椭球面,这样既可以消除球面像差,又可以消除色差。不过,格里高利的设计虽然完美,但当时的技术水平完全无法实现。很多年以后,人们才制造出真正的格里高利反射式望远镜。

在折射式和反射式望远镜的基础上,科学家又发明了折反射式望远镜。折反射式望远镜将折射系统与反射系统相结合,光线先通过一片透镜产生曲折,再经一面反射镜进行反射聚焦。它的物镜既包含透镜又包含反射镜,光线同时受到折射和反射。这样做虽然使望远镜结构更加复杂,但也避免了前两种类型的缺点,如图 9-8 所示。

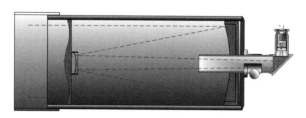

图 9-8　施密特—卡塞格林折反射式望远镜原理图[2]
（作者：Szocs Tamá,遵循 CC BY-SA 3.0 协议）

9.3　从望远镜到侦察卫星

具体来说,卫星拍摄照片和我们用单反相机拍摄依然有很大不同,最主要的区别一是距离遥远,二是卫星相机的成像范围要大得多,三是大气层的影响。

玩摄影的朋友一定知道,对于一台好相机,比机身更重要的是镜头。镜头最重要的参数一是焦距 f,二是光圈 A,三是镜头口径 D。由此得到相机镜头的一个重要参数——相对孔径 F 的计算公式:

$$F = f/D$$

在物距相同的情况下,焦距决定了相机镜头的视角,也就决定了实际成像面积,而光圈大小直接决定了能够进入相机的光量。

这两个概念对于侦察卫星的相机同样适用。卫星距离地面太远,所以焦距必须大。通常侦察卫星运行在太阳同步轨道上,以第一宇宙速度绕地球运行。对于这么快的相对速度,相机的曝光时间必须很短。这就要求在短时间内必须有足够多的光量进入成像器件,所以卫星相机的光学镜头口径必须很大。

先说距离遥远的问题。我们用单反相机拍照,拍摄目标与相机的距离有限,就算是在能见度最好的晴天拍摄远方的高山,距离最多也就是几十千米。但是侦察卫星的轨道,就算是近地点,距离地面至少也有两百多千米。从那么远的距离对地成像,自然就要求相机的焦距很长。我们在中学物理课上学过,透镜成像的基本公式是:

$1/u + 1/v = 1/f$ （即：物距的倒数与像距的倒数之和，等于焦距的倒数）

由于卫星距离地面很远，u 必然很大，即使尽可能缩小像距 v，所需的焦距 f 仍然会是一个相当大的数字，这就是高分辨率遥感卫星的体积总是很大的原因。卫星需要使用运载火箭或者航天飞机发射入轨，如果体积过于庞大，必然不可行，所以必须在光学聚焦系统上做工作。

折射式望远镜的主要缺点是镜头太长，显然不适合作为卫星相机的光学聚焦系统。如果能通过多次反射延长光路，就可以在一个紧凑的空间内实现较大的焦距，因此卫星相机的光学聚焦系统最常采用的是卡塞格林反射式结构。典型的例子是 Worldview-2 卫星，它的相机焦距是 13 300mm，相当于 4 层楼那么高。这实在是一个惊人的数字，显然不可能直接实现。经过工程师的巧妙设计，光学镜头的最终筒长只有 2000mm。又如 IKONOS 卫星的相机焦距也达到了 10 000mm，通过采用同轴二反卡塞格林结构，使相机的尺寸大大减小，如图 9-9 所示。

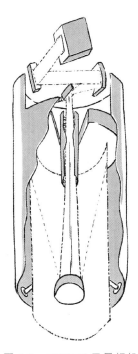

虽然可以通过精巧设计实现一个较大的光学系统焦距，例如多次反射在一个较短的实际物理尺寸上，但镜头的大口径问题就没那么容易解决。从成像的角度，镜头肯定是口径越大越好，但侦察卫星相机的最大口径受限于运载火箭的直径，运载火箭的最大直径又受限于地面道路运输系统。例如中国"长征 2F"运载火箭的芯一级直径是 3.3m，"长征五号"的这个直径是 5m。运载火箭的直径决定了侦察卫星相机的口径上限，所以典型的侦察卫星相机的镜头口径通常就是 1m 左右，例如 IKONOS 卫星相机的

图 9-9　IKONOS 卫星相机

口径为 0.7m，Worldview-2 卫星相机的口径为 1.1m，这已经是非常大的光学相机镜头了。与之相比，哈勃望远镜主镜头的直径达到了惊人的 2.4m，所以它当时是由航天飞机发射进入太空的。

即使卫星尺寸允许，实际上卫星相机的镜头也很难做得非常大，原因在于大口径光学镜头制造起来很困难。如果你买过高端的单反相机镜头，一定知道光圈每大一

档,价格可不止翻一番。相机镜头是用玻璃磨成的,随着口径增大,设计和制造的难度呈指数级上升,一些非球面镜头甚至要人工打磨。而卫星相机的产量非常低,毕竟,有谁买得起 1m 口径的镜头玩?产量低,设计成本无法分摊,价格自然就高。2007 年德国卡尔蔡司公司曾经展出一款 1700mm F4 的中画幅镜头,换算后可知,相机的镜头口径为 425mm,重达 256kg。据说它是给某中东富豪拍摄野生动物用的,售价达数百万美元,需要安装在悍马汽车上使用。所以我们完全可以想象 Worldview-2 卫星上使用的 1.1m 口径、13 300mm 焦距的镜头有多昂贵。

9.4　侦察卫星到底能拍得多清楚?

光学遥感卫星拍摄的照片有多种类型。只有亮度差别、没有色彩差别的叫作黑白图像;记录了所能探测到的景物所有电磁波信息的叫作全色图像。全色图像实际看上去是黑白的,这一点往往令人误解,许多人以为全色图像是彩色的。如果是对可见光谱段感光,图像颜色就和对应的地物颜色基本一致,这就是真彩色图像。有时候还会同时对红外等其他肉眼看不到的谱段感光,拍摄假彩色图像。虽然图像颜色与实际地物颜色不一致,但能够突出我们感兴趣的目标,有利于提高判读和识别能力。除此之外,我们还可以区分更多的谱段,分别记录地物反射的电磁波信息,形成一组分谱段的图像,它们在几何位置上是完全匹配的,但记录了景物在不同谱段上的电磁波信息,这样的图像称为多光谱图像。

虽然我们与单反相机做对比来解释光学遥感卫星的工作原理,但这毕竟是一台在轨道上运行的相机,与单反相机有天壤之别。侦察卫星相机到底能拍得多清楚,这是一个分辨率问题。

对于光学遥感卫星,有四个分辨率共同决定了一颗卫星的成像能力——空间分辨率、光谱分辨率、辐射分辨率和时间分辨率[1],但最重要的指标还是空间分辨率。

9.4.1　空间分辨率

空间分辨率就是通常所说的图像分辨率,是指图像上能够分辨的最小单元对应的地面尺寸。空间分辨率数值越小,其分辨率越高,根据图像辨别目标的能力就越强。假设卫星的空间分辨率是 1m,那么地面上一个 1m×1m 见方的目标在图像上对应一个像素。通常至少需要 3、4 个像素才能辨别目标,所以实际上通过该卫星我们只能辨别尺寸至少在 4m 左右的物体,比如一辆汽车,再小的目标在图像上就看不到了。

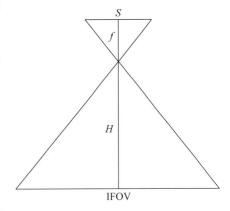

卫星的空间分辨率取决于相机的瞬时视场角 IFOV,如图 9-10 所示。

$$\text{IFOV} = \frac{HS}{f}$$

$$\text{空间分辨率} = 2\sqrt{\text{IFOV}}$$

式中,S——探测元件的边长;

　　　H——遥感卫星的轨道高度;

　　　f——卫星相机光学系统的焦距。

图 9-10　遥感卫星的空间分辨率

通过上面的公式可以知道,要提高空间分辨率,只有减小探测元件的尺寸,也就是提高 CCD 元件的能力。但这个指标在某个历史阶段内取决于基础工业水平,不容易提高。还可以通过降低轨道高度来提高分辨率,但轨道太低的话,大气阻力增加,会大大缩减卫星寿命,所以也很难有所作为。最后只能想办法通过增加相机光学系统的焦距来提高空间分辨率。虽然提高分辨率有很大好处,但也会带来另一个问题——大焦距必然导致像幅减小,也就是说这会造成每次成像的范围缩小。我们当然希望既有高分辨率又能宽覆盖。可惜这是一对矛盾的指标,无法兼顾。因为太阳同步轨道上的遥感卫星相对地球运动,所以卫星轨迹对应地面就是一个细长条的带状区域(见图 9-11),这个条带的宽度就是相机的幅宽,长度取决于相机开机拍摄的时长。

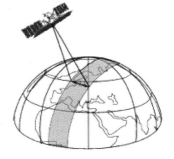

图 9-11　遥感卫星成像的条带区域

9.4.2　空间分辨率的极限

如果说目前的侦察卫星无法看清地球上的手机屏幕,那么技术发展这么快,以后会不会能做到这一点? 要回答这个问题,就要理解光学衍射极限的概念。在光学系统成像理论中,有一个重要的结论叫作"夫琅和费衍射极限",如图9-12所示。

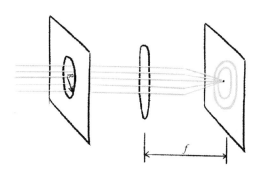

图 9-12　圆形孔径的夫琅和费衍射过程[2]

不管是单反相机还是遥感卫星相机,都可以抽象成图9-12所示的光学系统。相机的镜头相当于一个圆形的光瞳,半径为 R,经过透镜聚焦后,成像在焦平面上。

由于光的波动特性,这个像其实是若干个同心圆环,中央的亮点叫作"艾里斑"。如果两个不同物体的艾里斑重合,那自然就无法分辨。所以,艾里斑的大小决定了这个光学系统的最小分辨角。理论上给出的结论是:

$$最小分辨率 = \frac{1.22 \times 波长 \lambda \times 焦距 f}{光学系统通光孔径 D}$$

用卫星拍摄地面上的物体,如果是可见光谱段,那么波长也是确定的。要提高分辨力,就只能缩小相对孔径 $F = f/D$,也就是在焦距一定的情况下要把通光孔径 D 尽可能做大。但前面已经讲过,受限于运载火箭,工程上不可能将通光孔径无限制地增大。以目前技术水平最高的"哈勃"望远镜为例,即使把2.4m的主镜头口径翻一番,也就是不到5m。假设按照镜头口径5m、焦距10m计算,人的眼睛可以感知的电磁波的波长在 400～760nm 之间,取最大值 760nm,可以计算得到光学衍射极限大约是 0.001mm。按照目前的技术水平,F 按 10 计算,这个极限大约是 0.01mm。

如果真能达到衍射极限 0.01mm,就足以看清手机屏幕,不过现实要残酷得多。衍射极限是忽略很多干扰因素之后、理论上能够达到的极限分辨率,而实际上,卫星相机隔着大气层对地观测,这好比隔着一层毛玻璃拍照。用家中浴房的玻璃测试一下就知道,如果距离毛玻璃很近,可以透过玻璃看到外面,但如果离得稍远,就只能看到一团模糊的影子。

除了大气的扰动效应,由于地物相对于卫星运动,卫星相机还必须跟踪地面才能保证成像。卫星本身还有振动,这些因素叠加在一起,最终导致实际能够达到的空间分辨率远远低于衍射极限。美国最先进的军事侦察卫星"锁眼-12"的空间分辨率据估计达到了 0.1m,业界普遍认为这个指标已经非常接近工程上能够实现的空间分辨率的极限。要看清手机屏幕,或者实现人脸识别,至少需要将空间分辨率提高到毫米级。即使是在距离地面 250km 的近地轨道,估计卫星相机的光学系统口径至少也要达到 125m 以上。这么大的镜头,即使能设计出来恐怕也无法制造,更无法想象如何将其发射到轨道上去。

所以,在可预见的未来,你大可以放心,不可能有人从太空偷窥你的手机屏幕,"千里眼"也是有极限的。

参考文献

[1] Hubble Space Telescope [EB/OL]. http://amazingspace. org/resources/explorations/groundup/lesson/basics/g28a/.

[2] Schmidt Cassegrain Teleskop [EB/OL]. https://lb. wikipedia. org/wiki/Schmidt-Cassegrain-Teleskop.

[3] 马文坡. 航天光学遥感技术[M]. 北京:中国科学技术出版社,2011.

[4] 韦晓孝. 空间大口径环扇形光瞳成像系统研究[D]. 苏州:苏州大学,2013.

第 **10** 章　相对论与蛋糕

要注意不抓粮食很危险。

不抓粮食,总有一天要天下大乱。

——毛泽东

古希腊几何学家阿波洛尼乌斯总结了圆锥曲线理论,1800
年后由德国天文学家开普勒将其应用于行星轨道理论。

——何夕(《伤心者》)

10.1　航天有什么用，能吃吗？

相对论和航天都是看起来很"高大上"的东西，对这样的东西，人们特别爱问一个很现实的问题，"这东西能吃吗？"也就是说，这些项目对解决人类困境例如饥饿问题有何现实意义。

1970 年，赞比亚修女玛丽·尤肯达曾愤怒地质问美国航空航天局类似的问题："目前地球上还有这么多小孩子吃不上饭，你们怎么能舍得为远在火星的项目花费数十亿美元？"美国航空航天局科学家恩斯特·施图林格博士在给修女的回信中神奇地反转了这个问题，他耐心地用简单的生活哲理故事作为切入点，强调了长线投资和短线投资具有同等的重要性，同时一再表达自己对饥饿的孩子们的同情和支持；占据了道德制高点之后，又详细地介绍了美国政府使用和分配税收的情况，成功地把"祸水"引向军工等其他占用税收大头的项目；随后笔锋一转，在可怜巴巴地表示自己占用的经费只是小头的嘟囔声中，强调航天工程和航天科技在民生、社会、国际合作等方面做出的巨大贡献；最后，自然打出了"情感牌"，又是送照片又是祝福，让修女"拿人手软"，不再为难博士了。

这篇回信思路清晰，细腻、严谨，重点突出，层次分明，态度诚恳，很有说服力，已经成为科技工作者撰写科普文章的典范。后来，这封回信被改编成了一篇名为"为什么要探索宇宙"的文章，其后很多"高大上"的项目在论证必要性时，有意无意地采用了这篇文章的论证逻辑。事实上，航天项目往往看起来并不是那么接地气，其现实意义以及与之有关的经费问题，是外界经常质疑的。

10.2　让我们带你去找蛋糕吧

在航天人托了施图林格博士的福、摆脱了缺乏经费的阴影之后，相对论研究者们似乎开始为他们的粒子加速机的建设经费坐立不安了。牛顿力学、相对论、量子力学这些物理理论体系中，离我们最近的是牛顿力学，而我们对相对论、量子力学的理解更多地来自科幻小说和科幻电影。那么相对论真的能吃吗？它距离我们的生活到底有多远？事实上，从当前的理论应用上看，相对论离我们最近的应用不是别的，正是卫星导航系统。

以我国的"北斗"卫星导航系统为例，单纯依靠卫星导航，定位精度已经可以达到2.5m（如果再加上地面设施的辅助，这个精度可以达到厘米级），也就意味着能够确认你在马路的哪一侧行走，也能够确认你是在高速公路的主路上还是辅路上。然而，如果没有相对论的校正的话，将导致定位结果的误差在10km这个量级，这样你就不可能根据导航软件找到你想去的那家蛋糕店。

为什么相对论会对卫星导航的精度影响那么大呢？要弄清楚这个问题，我们首先得弄明白导航的一些知识，并解释一下卫星导航系统的基本原理。正因为人类对未知世界的探索从来没有停止过，而在探索的过程中，"我在哪儿"是必须解决的问题之一，所以毫无疑问，在人类的技能树中，导航是不可或缺的一项重要技能。远古时代，人类就掌握了依靠太阳和星星的位置辨别自己方位的方法，后来出现了更先进的指南针、地图、灯塔等工具。无论这些方法先进与否，其本质都是利用已知的外部信息来确定自己的位置，更抽象地说，就是利用已知数求未知数，说到头来，是非常基本的解方程的过程。例如，在北半球的我们可以很容易地在夜空中找到北极星，它就是正北方向；北极星的高度则可以确定我们所在的纬度；随后我们可以根据时间和星空推断出我们当前的经度。

当然，在三维空间中幸福生活着的我们很容易理解，经度和纬度只是一个二维坐标系的参数，必须增加第三个参数，也就是高程参数，即目标距离海平面的高度，才能知道我们的精确位置。学习初中数学的时候，我们就知道，至少需要列出包含三个方程的方程组，才能求出三个未知数，那么我们要求出经度、纬度和高程这三个未知数，自然也需要列出三个方程。这三个方程从哪儿来呢？通过前文已经知道，根据自然天体的位置进行计算是一个很好的办法，它们有很强的规律性，稳定而且精准。但是自然天体也有自然天体的问题，测量方位角、俯仰角需要比较精确的设备。19世纪就有人提出使用人造天体导航定位，这个想法直到人类的第一个卫星导航系统GPS面世才真正实现，这时已经过去了差不多100年。GPS的设计思路非常简单：首先，我们可以通过卫星和目标的三维坐标计算出卫星和目标的距离，而卫星的坐标是已知的，如果我们能够知道卫星和目标之间的距离，那么未知数就剩目标的三维坐标了。于是，我们只需要三颗卫星，列出这样三个方程，就可以计算出目标三维坐标这三个未知数（见图 10-1）。

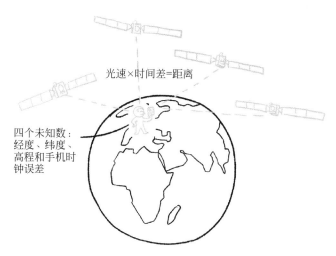

光速×时间差=距离

四个未知数：
经度、纬度、
高程和手机时
钟误差

图 10-1　导航卫星的基本原理

那么我们又如何知道卫星和目标之间的距离呢？所有卫星导航系统采用的方法是一样的，那就是将卫星发出信号的时间和目标接收到信号的时间进行比对，根据时间差和信号的传输速度计算出卫星和目标之间的距离。但是，由于我们使用的信号是电磁波，大家都知道电磁波的速度是光速，量值非常大，这要求我们对时间差做出非常精准的测定，稍有偏差，计算出来的距离误差将是非常大的。为了解决这个问题，我们需要确保导航卫星和定位对象（也许就是拿着手机找蛋糕店的你）的时钟是非常准确的。

当前所有导航卫星使用的时钟都是高精度的原子钟，而这个时钟精度则直接决定着导航卫星系统的定位精度。可以这么说，高精度的原子钟是导航卫星最为核心的技术部件。导航卫星总共也就几十颗，所以虽然原子钟价格昂贵，我们还是花得起这个钱的。而你手上拿着的定位设备，比如手机，在地球上可是千千万万，虽然高档手机价格不菲，但是我可以确定，哪怕是最昂贵的手机也不可能配置原子钟。而众所周知，时钟并不精准的手机却能够使用卫星导航系统帮助你达到米级的定位精度，这里面肯定用了某种特别巧妙的"黑科技"。

131

其实这个"黑科技"特别简单,它根本不去费力气提升所有手机的时钟精度,而是增加一颗导航卫星(见图10-1中第四颗卫星)。因为虽然我们的终端时间不准,但是时间的误差在某个时刻是固定的,我们可以把这个时间误差也作为一个未知数看待,那么我们的问题变成了求四个未知数。于是,利用新增加的第四颗导航卫星的数据,列出第四个方程,加入到方程组中。用四个方程解出四个未知数,没问题!所以,卫星导航系统除了具有基本的定位功能外,还能算出你手机的时钟误差,进而赠送了手机时间校准功能,可以做到让手机的时钟和原子钟差不多准呢。

我国的"北斗"系统组建初期,在研制原子钟过程中还真是遇到了不少困难。当时特别想从美国、欧洲等发达国家和地区采购,然而,我们国家被"制裁",我国航天系统的大部分单位都在"制裁名单"里,所以人家是不可能卖给我们的。我们买不到,那只好自己做呗,然后"一不小心"做出来了,再"一不小心",在"北斗三号"中还改进了不少。这下我们再也不需要买人家的东西了,这也许是中美贸易美方出现逆差的原因之一吧。

10.3 从理论到工程

当然,以上介绍的都是任何一个学习相关专业的大学生在课本上就能学到的知识,我想大家也不会相信仅靠着大学课本知识就能够设计出一个精度在米级的卫星导航系统。可以说,理论与工程还有着巨大的距离,这里重点讨论三个问题。

第一个要解决的问题就是全球组网的问题。前面说到了只需要4颗卫星就可以计算出目标精确位置,但是如果我们需要把定位服务扩展到全球,我们需要确保的就是在全球的任意一个位置都能够看到4颗卫星。那么就不是4颗卫星能够满足的了,例如美国的GPS系统设计了24颗卫星,我国的"北斗"系统则有35颗卫星(见图10-2)。

为什么我们国家的"北斗"比美国的GPS多这么多颗卫星,是因为轨道设计水平太低吗?答案是否定的。这涉及另外一个工程上的大问题:卫星太多,要把这些卫星都发射完,需要花10年以上。那么如何在组网完成前这么长的时间范围内,为导航卫星

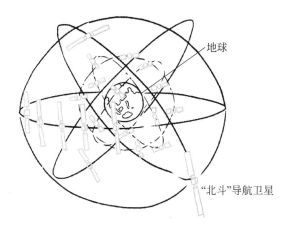

地球

"北斗"导航卫星

图 10-2 "北斗"系统星座图

的用户,特别是为我们国家和周边亚太地区的用户提供服务呢？为了解决这个问题,我们国家额外设计了 3 颗特殊轨道的"北斗"导航卫星。这种轨道叫作倾斜地球同步轨道,在这个轨道运行的卫星绕地球公转的角速度和地球自转角速度完全一样,这样

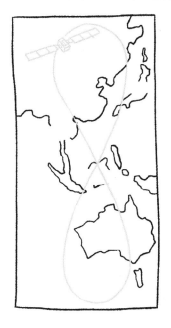

从地面上看,它一直停留在某一个区域的上方画"8"字(见图 10-3)。而我国发射的同步轨道"北斗"导航卫星,自然就长期停留在我们国家上空。如此一来,虽然卫星组网还没有完成,但"北斗"导航系统已经能够在一定程度上发挥作用了。另外,"北斗"卫星中还有 5 颗静止轨道卫星是用于收发短报文的,所谓短报文功能也就是用卫星发短消息的功能,这可是我们"北斗"的特色功能。所以,除了这 8 颗卫星,"北斗"剩余的 27 颗卫星和 GPS 的 24 颗卫星相比,数量上是接近的。

第二个问题就是导航卫星上天后的监测和维护问题。由前文我们知道,导航卫星的三维坐标以及导航卫星的时间是作为已知数纳入方程组的,那么这几个已知数的精度决定着卫星导航系统的精度。这个精度绝对是综合国力的体现,因为卫星的精确位置是无法单依靠卫星自己测量出来的,其依赖的是强大的地面测控网络。

图 10-3 倾斜地球同步轨道卫星的星下点轨迹

先简单了解一下测量卫星位置的原理。大家知道,闭上一只眼睛时,我们无法准确判断物体与我们的距离,但是睁开双眼时,由于两只眼睛位置不同,看到的同一个物体的影像是有差异的,大脑会自动根据这个差异进行计算,判断出物体和我们的距离。但是当物体距离我们非常远时,因为我们两只眼睛的距离相对太小,所以看到物体的差别也很小,这样也就很难精确地判断出物体距离我们的远近了。

卫星测控也是同样的原理,在地面上必须有两个或者两个以上的地面站,才能够精准地测定卫星的位置,而由于卫星距离我们比较远,所以这几个地面站之间的距离越远越好。我国国土辽阔,在最远的边疆都会有卫星测控站,其中一个很重要的原因就是为了拉开测控站间的距离。但我们国家毕竟还是没有地球大,如果能够在地球的两个对顶点各建一个地面站,自然是最理想的,但是这势必需要将地面站建立在其他国家的领土上,再加上不少卫星还涉及军事用途,此时牵涉的就不仅仅是技术问题了。

我国在20世纪90年代前都没有海外测控站,火箭或卫星一旦飞出我国国土的测控范围后,只能依靠"远望号"测量船到南太平洋公海上进行测控。但是"远望号"在公海上很容易受到某些国家的干扰,而且每次出海成本不低,所以我国开始考虑在海外建设固定站。

由于"远望号"的测控工作大部分都需要在南太平洋开展,所以我国一开始选择了大洋洲的岛国基里巴斯,希望能够租用其领土建设一个测控站。当时基里巴斯和我国关系不错,所以我国的第一个海外航天测控站的建设还是比较顺利的,1997年6月6日,该测控站建成并正式投入使用。然而好景不长,后来基里巴斯政局发生变化,2003年,我国被迫从基里巴斯测控站撤出。

就算没有基里巴斯的航天测控站,我国还是陆续在巴基斯坦、肯尼亚、澳大利亚、智利等国家建立了十多个海外航天测控站。每个测控站的选址和建设过程都不轻松,每个测控站的投入使用都能让我们的测控精度得到提升,每个测控站都离不开我国外交人员的努力和我国综合国力提升带来的国际影响力。

在享受着我国"北斗"卫星导航系统带来的优质服务的同时,我们应该明白,"哪有什么岁月静好,不过是有人在为你负重前行。"

第三个问题就是精度的问题。前面我们已经提到了利用高精度的原子钟以及强大的测控体系来保证卫星位置和时间的精准,但是这还远远不够。比如,我们知道电磁波在真空中是直线传播的,但是大气层会对光的传输路径产生影响,这个道理就像插入水中的筷子看起来像折了一样,也就是说,我们求出来的距离不是目标到卫星的直线距离。对于这类问题,我们就需要采用各种工程的方法来消除误差,其中比较有趣的一种做法就是使用两种频率的信号通信,由于频率不同的电磁波折射率不同,所以我们可以利用这两种频率的信号计算出来的距离差异,反推出大气层产生的影响。

另外不可忽略的一点就是卫星在太空中飞行的速度。例如,我们的"北斗"卫星除了 3 颗同步轨道卫星和 5 颗静止轨道卫星外,其余 27 颗卫星的高度大约都是 21 500 km,其在太空中的速度大约是 3.8 km/s,这个速度足以让狭义相对论的作用不可忽视。根据狭义相对论,高速运动的卫星上的时间比地面要慢,卫星上的 24 小时和地面时间的偏差则大约是 6.9 μs。除了狭义相对论,我们还需要考虑广义相对论。广义相对论认为地球引力把时空扭曲了,越靠近地面,空间扭曲程度就越高,时间流逝的速度也就会相对慢一些;反之,高高在上的卫星由于离地球质心较远,则时间会更快一些。这样,在距离地面 21 500 km 的"北斗"导航卫星上,星载时钟每天要比地面快约 46.2 μs。两者综合后,卫星上的时钟会比地面每天快约 39.3 μs,也就意味着,如果我们不采取措施处理这个问题,就会导致计算出来的卫星与目标的距离出现 11.8 km 的误差。分析到这一步,这个问题解决起来也就非常容易了,我们只需要按照相对论,计算出卫星与地面之间时间流逝速度的差异,把卫星上的时间修正为与地面完全一致,这个误差就可以消除。

也许你会认为,由于导航系统中的数十颗卫星高度和速度类似,所以产生的时间偏差应该非常接近,这样我们可以认为卫星与卫星之间的时间还是一致的,时间的偏差只会出现在卫星和地面终端之间,完全可以靠第四颗卫星的方程消除这个误差,这点我们在前文解释过。但是,实际情况并没有这么乐观,我们地面测控系统会定期地将卫星的时间和地面时间进行校准,而那么多卫星的校准并不是在同一时刻同时进行,这样不可避免地会出现一部分卫星刚完成了时间校准,与地面时间保持基本一致,而另一部分卫星仍然带着有相对论误差的原子钟在"满天跑"的情况。此时,如果你带导航功能的手机同时使用了经过时钟校准和尚未校准的两种卫星进行定位和导航,定位精度必然受到影响，那么你在饿着肚子找蛋糕店的时候，过程肯定不会太愉快。

10.4　修女不生气

　　理论源于实践，所有的理论都是基于我们的认知提出的。在我们所熟悉的世界，牛顿力学占据着统治地位，然而在卫星和宇宙飞船所在的远离地球质心且高速飞行的物理环境中，相对论已经悄然"夺取"了一部分的统治权，我们已经无法忽视"她"的存在，否则，根据我们前面的讨论，你很可能无法找到你的蛋糕。

　　人类的物理理论已经向外拓展到了我们生存环境之外更加广阔的宇宙中，而航天工程让这些理论知识能够真正地为人类服务，比如导航卫星就能够帮助我们找到最受好评的蛋糕店。于是，相对论和航天在为人类提供精神食粮的基础上，开始实实在在地转化为我们肚子里的食物，这样修女玛丽·尤肯达的愤怒也许能够平息一些吧。

第 11 章 航天器"杀手"

魔鬼存在于细节之中。

——密斯·凡·德罗（德国建筑大师）

11.1 失落的"萤火一号"

2011 年 11 月,我国的首个火星探测器"萤火一号"发射失败,搭载"萤火一号"的俄罗斯籍"福布斯-土壤号"探测器的主发动机一直没有启动,燃料箱也没有与探测器脱离,我们的"萤火一号"坐在"福布斯-土壤号"身上干着急却毫无办法。最终俄罗斯人也没有能够启动"福布斯-土壤号"的发动机。2012 年 1 月,"福布斯-土壤号"的残骸坠入距离智利威灵顿岛 1250km 的太平洋中,任务宣告彻底失败。

当时,俄罗斯联邦航天局已经经历了多次失败,而这次居然把中国的探测器也弄丢了,他们因此承受了非常大的压力。当俄罗斯航天设计师们满头大汗地调查失败原因时,俄罗斯联邦航天局则大胆地提出了除了自身设计原因之外的种种猜测,其中最能吸引眼球的一种是外国反卫星武器蓄意破坏;另外还有一种可能是使用了来自国外、渠道不明的不合格电子元器件;最后一种,也是听起来最有技术含量的一种可能,就是我们这一章的主角——太空中的高能粒子杀死了"福布斯-土壤号"。

在心疼我们的"萤火一号"的同时,调查结果正式出来之前,俄罗斯同行们给出的理由确实又让人哭笑不得,难以信服。反卫星武器一说虽然不是不可能,但是具备这个能力的国家没几个,排除中国、俄罗斯后更是一只手都能数过来,这些国家在和平年代还不至于会干出这种可能引起世界大战的事情;第二,让国外渠道不明的电子元器件混进正式的航天型号中,最终导致任务失败,这种事情如果放在中国,那可是要作为责任事故看待的,作为航天强国的俄罗斯也不至于犯如此低级的错误;相比之下,最有可能的或许就是高能粒子的问题。

要完全弄明白高能粒子是如何影响航天器工作的,我们还是需要先补充点相关的小知识。

11.2 单粒子效应是如何"杀死"航天器的?

在地球上,没有雾霾的天空是蓝色的,而太空中,由于失去了大气的散射作用,因此没有恒星光芒照耀的地方是深邃的黑色。微弱的宇宙背景辐射和强烈的恒星光芒相比,我们的眼睛只能将其识别为黑色。相信我,在太空中,没有大气层的保护,无论什么时候你都不会愿意用肉眼直接看到黑色背景下的太阳。

而恒星的"光芒"并不仅仅是我们能看到的光芒,事实上,我们能看到的光芒仅占太阳辐射出来的电磁波的一半左右,自大的人类把自己看不到的电磁波称为红外线和紫外线。而太阳显示威力的方式除了电磁波外,还有高能粒子,这些粒子中的一部分在地球磁场的引导下转向地球的磁极,然后狠狠地撞向大气层,撞击产生的能量让我们看到绚丽的极光。在安全的距离看烟火无疑是一件很让人愉快的事情。但是,如果离烟火太近,也许你得到的是一种完全不同的体验。想象一下,你站在一个 $1m^2$ 大小的狭小空间里,有十多盏 $100W$ 的白炽灯照着你,这就是在没有大气层和磁场保护的情况下"看烟火"的感觉。

> 这里笔者用了一个不太严谨的说法,希望读者能理解太阳辐射的威力。这个比方来源于一个同样不太严谨的概念:太阳常数。为什么说这个概念不严谨呢?因为太阳常数并不是一个真正的常数,它的定义是在距离太阳 1 个天文单位的位置上(1个天文单位可以简单理解为太阳到地球的平均距离)、在单位面积内,太阳所有电磁辐射强度的平均值。这个值受太阳活跃度的影响会有一定的上下浮动,所以不能说是严格意义上的常数。此外,太阳常数的测量、计算方法也没有统一的标准,因此没有一个公认的精确值。目前大家比较认可的太阳常数是 $1366W/m^2$,这也就是笔者说十多盏 $100W$ 白炽灯的原因。当然,严格推敲起来,这个说法同样不严谨,有助于大家理解概念就好。

在这里必须向我们的航天员致敬,当地球人穿着孕妇装坐在电脑前抱怨辐射大时,当地球人买房小心地避开变电站和高压线时,当地球人尽力躲开微波炉的辐射时,航天员们在种种防护措施之下仍要承担着大量辐射所带来的风险。我们看过国外女航天员返回地球后怀孕流产或者婴儿畸形的报道资料,而我们国家选拔女航天员的一个重要标准就是她已经生了孩子,而且必须是顺产。要求顺产是为了避免剖腹产的伤疤在航天员执行太空任务时产生不利的影响;而要求已经生育则是考虑到女航天员去太空之前要有 1000 小时的飞行时间,此时年龄已经不小了,如果再为了规避太空辐射造成的影响而推迟怀孕时间,女航天员的牺牲就太大了。太空是浪漫的,太空也是很现实的。

看到这里也许你会明白，虽然相比地球上喧闹的环境，在寂静的太空中，伴随着空间站设备轻微的"嗡嗡"声，戴上有源降噪耳机，你就能够轻易地睡一个好觉，但是从高能粒子的角度看，地球反而像是寂静森林中的小木屋，而在宇宙中则有狂暴的粒子洪流，这是航天员和航天器中的计算机在宇宙中都需要面对的考验。人类作为碳基生命，通常会羡慕以半导体芯片为核心部件的硅基设备的各种优势，例如不怕冷、不怕热，还具备超强的记忆力，但是也许你想不到，高能粒子给这些设备带来的麻烦比我们人类要大得多，后果也更加严重。

科幻小说作家刘慈欣的《黑暗森林》有一个片段，把高能粒子对计算机的作用转移到了人身上，让我们能够形象地体会到高能粒子的可怕。书中一个名叫希恩斯的重要角色找到了像修改电脑程序一样修改人类认识的方法，他在表面上宣称他的设备能够坚定人类军人战胜外星敌人的信念，相信人类必胜，但是背地里他悄悄地修改了程序，把"人类必胜"修改成了"人类必败"，导致大量的军人变成了逃亡主义者，失去了战斗信念。"胜"和"败"在计算机的世界中其实就只是一个二进制数字的差异，0 为"胜"，1 为"败"。经常使用计算机的读者应该知道，在计算机中程序的大小通常以兆字节（MB）为单位计算，一般一个程序大小为几十到几百兆字节不等，1 兆字节大小的文件约包含 100 万字节，每字节包含 8 个二进制位，所以计算机程序的大小是以 1000 万二进制位作为基本量级的，在这样量级的程序中，想要发现被别有用心的人故意修改的 1 个二进制位，难度可想而知。大家也可以明白，一个概率为一千万分之一的错误可能就会导致程序的执行得到截然不同的结果。

幸运的是，在现实世界中，我们并没有找到直接修改人类思想的方法，不然某国右翼可能就不只是煞费苦心地修改教科书了。但不幸的是，在外太空中，狂暴的高能粒子却有能力改变航天器芯片的"思想"，使航天器的计算机系统产生截然不同的计算结果。

原理是这样的。我们现在使用的所有芯片都是半导体芯片，为什么叫作半导体呢？因为它有个非常有趣的特性，当给它一个正向电流的时候，电流能顺利通过，也就是说它表现为一个导体；而给它一个反向电流的时候，只能有微弱的电流通过，表现为一个很大的电阻，或者可以近似地看作是绝缘体。这样的一个半导体电路在计算机中就是表示"1"或者"0"的最基本的单元。一般来说,能通电表示"1",不能通电表示"0"。很多时候,我们也把"1"看作逻辑中的"是","0"则看作逻辑中的"否"。

芯片就是由这样成千上万个微型半导体组件组成的,这些半导体组件的数量足够大,组合起来就可以实现很复杂的运算和逻辑。由于现在的芯片集成度很高,所以对应的每个半导体组件也就非常小。2018年8月,全球首款7nm制程的手机系统级芯片发布,7nm是什么概念呢?相当于140个氢原子并排。在这样的粒度下,高能粒子的能量就是一个不可小觑的因素了。

> 实际上,按照目前的技术水平,宇航级芯片是不可能使用7nm制程的,因为在航天项目中,最重要的不是功耗和处理速度,而是可靠性和抵御空间辐射的能力。所以,现在主流的宇航级芯片还是使用150nm制程,而处理器的主频仅仅为200MHz,相当于20世纪90年代的水平,但这个性能对航天任务而言完全够用了。
>
> 与现在家用计算机动辄3GHz、4GHz的主频相比,宇航级芯片的性能可以说非常低。然而,各方面性能指标全面落后的宇航级芯片价格可不便宜,要知道航天经费的管理者们宁愿自己的车被偷,也不愿意烧毁一块宇航级芯片。

假如高能粒子正好打在芯片中某个关键位置上,就可能导致芯片中某个本来应该是绝缘体的组件变成了导体,这会使得某个数据发生翻转,例如从"否"变成了"是",也许此时航天器的"信念"就从"人类不败"变为"人类必败",从此远离人类的控制,独自在茫茫太空中逃亡了。

如果刚才说的单粒子翻转是高能粒子对航天器的"诈骗"行为的话,那么单粒子锁定就是赤裸裸的"谋杀"了。当空间的高能粒子狠狠地击中某个绝缘状态的组件,会在组件中产生电流,使本该绝缘的组件变成导通状态。这还没完,由于芯片中某些部件具备放大电流的功能,恰好使得高能粒子产生的电流不断被放大,使得这个部件一直保持导通状态,被"锁定"了。而如果这个锁定时间足够长,会使得芯片的温度上升,这个芯片就可能会被烧毁。

高能粒子的第三招就是单粒子瞬时干扰。高能粒子导致电路中产生电流脉冲,如果这个脉冲恰好发生在芯片处理某个信号数据的时候,这个脉冲可能会被芯片误认为是一个有效的数据,那么这将会对运算的逻辑结果产生影响。这对高性能的高频芯片而言,影响尤为明显。因为频率高的芯片处理信号的次数多,那么撞上单粒子脉冲的可能性就更大。例如,图 11-1 中原始信号为 0101010,但是叠加了干扰信号之后,芯片就很可能把这个信号识别为 0111010。

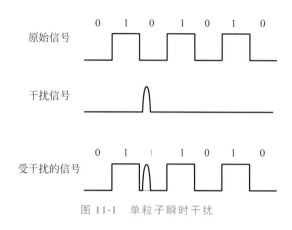

图 11-1　单粒子瞬时干扰

　　NASA 在其官方网站会不定期地公布一些卫星在轨异常或故障的情况,如果你在资料中看到 SEU、SEL 和 SET 这几个缩写,就表明这个航天器发生了我们刚才所说的单粒子翻转、单粒子锁定和单粒子瞬时干扰这几类单粒子事件导致的故障。虽然这些价值上亿的高级货接二连三"掉链子"的现象看似不同,但是罪魁祸首却是同一个——高能粒子。例如,1993 年 8 月,美国的跟踪与数据中继卫星 TDRS-4 发生故障,遥测数据显示姿态控制系统出错,于是它的天线晃晃悠悠偏离了服务区域。我国卫星也遭遇过单粒子效应,1990 年 11 月,"风云一号"卫星上天运行仅仅两个月,突然开始翻起了跟斗。好不容易冷静下来后,1991 年 2 月卫星姿态再次发生异常,这次发现故障时,因为卫星用于调整姿态的推进剂已经耗尽,卫星就像放空了气的气球一般,再也动弹不得。

　　在实际工程中,除了以上这些单粒子导致任务失败的严重故障,还发生了更多较低级别的故障。例如,1991 年是太阳活动较为活跃的一年,包括 GOES-6、GOES-7 和 TDRS-1 等卫星在内的 6 颗同步轨道卫星接连多次发生异常。

　　而在实际统计中还发现,单粒子事件大多数都发生在南大西洋上空,研究发现南大西洋的磁场比别的地方弱不少,这使得高能粒子更加容易靠近地球,干扰卫星、空间站,甚至是飞机,我们把这个区域称为南大西洋异常区。

11.3　抵抗高能粒子攻击的盾

计算机围棋高手 AlphaGO 相继击败了人类顶尖围棋高手李世石和柯洁,人类棋类运动的最后阵地被计算机攻占了。但是看完空间高能粒子对 AlphaGO 同类们的摧残,作为人类,你是否产生了一点小小的优越感?毕竟就目前的研究来看,太空中高能粒子的辐射量虽然可能影响到人类的视觉,但是大部分情况下人类使用化学能的大脑却能够很好地抵抗空间辐射的影响。不过,航天器作为人类的"小伙伴",我们当然不希望它们被高能粒子如此"欺负",得想办法来解决这个问题。

据报道,在空间站掠过地球辐射带(也称范艾伦辐射带)的时候,如果航天员闭上眼睛,会偶尔感到眼前出现闪光。这个闪光就是高能粒子刺激人类的视网膜神经,使人们产生的错觉。一般而言,这种辐射对航天员的行动影响并不大。但是如果遇到太阳风暴,事情可能就没有那么简单了。1989 年 10 月,太阳突然释放出大量高能带电粒子,此时美国"亚特兰蒂斯号"航天飞机正在太空中执行任务,航天飞机上的航天员们"看"到了非常刺眼的闪光,他们赶紧躲避到飞船屏蔽层最厚的部位,然而闪光依然在持续,直到太阳安静下来。当时如果没有航天飞机的保护,航天员们可能会有生命危险。

其实早在 1962 年,人类的航天事业刚刚起步时,就有学者提出了单粒子事件的可能性[1],随后科学家们在 1975 年观测到了单粒子现象[2],自此人类开始研究各种方式来避免单粒子效应或减少单粒子效应带来的影响。

工程中解决问题的思路和科研是不一样的,科研的思路就是冲上去和困难"死磕",不解决誓不罢休,而工程的思想往往是绕开困难,达到工程目标即可。例如,我们常用的存储芯片可以简单地分为只读的和可读写的两类。只读芯片不会受到单粒子事件的影响,那么就很容易想到,我们只需要把关键的、不需要修改的数据和程序写到只读芯片中,这样单粒子就无法在我们执行最重要事情的时候捣乱了。

对于可读写的存储芯片如何保护呢？其实道理也比较简单。我们需要为这类芯片准备一个"战地医生"，这个"医生"一旦发现芯片"中弹负伤"，就会马上冲上去把错误的数据纠正过来，而具体如何发现错误和纠正错误，这就需要用到一个在计算机和通信领域非常普及的技术：校验和纠错。所谓校验，就是通过某种数学方法对数据进行检查，看其是否存在错误；而纠错则是在校验的基础上，把错误的数据找出并纠正。有兴趣的读者可以查阅相关的资料。

还有一种"暴力"的解决办法，就是"重要的数据存三份"，而在使用数据时，用三份数据进行表决，如果发现有一份数据和其他两份不一样，那么我们选择相信大多数"群众"。只要不遇上两份数据、甚至三份数据同时被破坏的情况，芯片基本上是不会出问题的。

而对于"人类必胜"和"人类必败"这种非黑即白的问题，计算机中把这种数据叫作"布尔"值，通常用 1 表示真、0 表示假，这种数据特别容易遭到高能粒子的破坏。解决办法也不难，航天的特种芯片中不再用简单的 0 和 1 表示"布尔"值，类似于"重要的数据存三份"，我们用 8 个 1 表示真，8 个 0 表示假，最终判断时就去数 0 和 1 的个数，1 的个数多，我们就判断为真，0 的个数多，我们就判断为假。

此外，还有一系列的保护措施，如设计保护电路以防止单粒子锁定导致电流过大、烧坏芯片，设计计算机发生异常时的自动重启机制等，这里就不再一一细说了。

11.4 "萤火一号"丢失的真相

尽管可以采取很多措施对单粒子事件进行防范和保护，但是正如我们不可能给坦克的每一个方向都安装上厚厚的装甲，我们也不能对每一个数据和芯片进行全面的防护，因此想要完全杜绝单粒子事件是不可能的。而且单粒子事件最可怕的一点是它具有极强的穿透性，也有很大的随机性。从表面上看，单粒子导致的故障可能和其他故障是没有区别的，不深入分析数据，根本无法确定故障的元凶，有不少问题最终也无法确认是否是单粒子导致的。

那么，"萤火一号"是不是真的因为单粒子事件而导致任务失败呢？这也不是完全无法分析和判断。首先看看高能粒子辐射的分布，我们把地球附近高能粒子辐射最强的区域称为范艾伦辐射带,这个辐射带的纬度范围是南北纬 40°～50°,高度范围分为两段,内带在距离地面 1500～5000km 的太空,外带则是在距离地面 13 000～20 000km 的太空。

当时俄罗斯"天顶号"运载火箭将"福布斯-土壤号"送到了近地点 207km、远地点 347km 的椭圆轨道中,随后"福布斯-土壤号"将依靠自身的力量飞往月球,也就是在这里,"福布斯-土壤号"未能启动推进器,折戟沉沙。这个地方距离范艾伦辐射带非常远,甚至还有非常稀薄的大气,更重要的是我们的航天器还处在地磁场的保护中,受到高能粒子危害的可能性极小。

另外,根据俄罗斯的官方报告,当时发生故障的芯片是两个,而两个芯片同时遭遇单粒子事件的可能性更加微乎其微。再退一步说,就算是两个芯片都遇到了单粒子事件,俄罗斯的航天专家们也应该按照我们前文所述,采取了各种各样的方法来避免或者降低单粒子的危害,而不会让整个任务彻底失败。

说到这儿,读者们应该可以看出,无论如何,俄罗斯给出的高能粒子辐射的理由是很难服众的。

当然,我们能够理解当时俄罗斯联邦航天局面临的巨大压力。面对公众的质疑、中国同行悲痛和愤怒的心情以及其他或者关切、或者幸灾乐祸的眼光,为了照顾人们想要尽早知道内幕信息的迫切心情,在正式的调查报告出来之前,俄罗斯人只能先勉强给出一个能够缓解自己压力的解释,唯唯诺诺地说"大概是单粒子吧"(见图 11-2)。

图 11-2　大概是单粒子吧

2012年2月,俄罗斯联邦航天局的官方正式调查报告出炉,内容非常严谨,报告中明确排除了单粒子事件的可能,将问题最终定位到程序设计缺陷上。报告分析,在两个小时内,两个相同的芯片都受到单粒子影响而导致计算机自动重启,这种可能性是微乎其微的,更大可能性是因为软件缺陷导致故障。有些国外媒体评论,研制经费不足、地面测试不充分才是问题的主因。

现在回过头去看媒体对这件事的报道口径变化也是非常有趣的,下面是部分媒体报道的标题(按时间先后排序):

- "福布斯-土壤号"怀疑受到外国的蓄意破坏

- 是劣质内存芯片拖累了俄罗斯的火星探测计划吗

- 俄罗斯将火星任务失败归因于宇宙射线

- "福布斯"火星探测任务失败,程序员将受到谴责

- 梅德韦杰夫建议起诉航天任务失败的责任人

最后一则新闻报道的时间是正式调查报告公布后,时任俄罗斯总统梅德韦杰夫明确表态要严查到底,必要时会追究相关人员的法律责任。

遗憾的是,2017年11月28日,俄罗斯航天再次遭受重大挫折,在"东方"航天发射场"联盟号"火箭发射失利,在这枚火箭上搭载的来自俄罗斯、加拿大、挪威、日本、德国、美国等国的卫星全部坠入大西洋。更要命的是,约半数卫星没有上保险。历史总是惊人的相似,当时身为俄罗斯总理的梅德韦杰夫不得不再次出面,找出六年前的讲稿,要求追究相关人员的责任,只是不知道这次被追究责任的是程序员还是结构设计师。

参考文献

[1] Wallmark J T, Marcus S M. Minimum size and maximum packaging density of non-redundant semiconductor devices[J]. Proc. IRE, vol. 50, March 1962:286-298.

[2] Binder D, Smith E C, Holman A B. Satellite anomalies from galactic cosmic rays[J]. IEEE Trans. on Nuclear Science, vol. NS-22, no. 6, Dec. 1975:2675-2680.

第 12 章 太空"穷游"与引力"弹弓"

儿童游戏中常寓有深刻的思想。

——席勒(德国诗人)

12.1　奔往星辰大海前的热身

"我们的征途是星辰大海!"当你仰望星空、发出豪言的时候,是否想过也许你曾到达的最高的高度也就是民航飞机能达到的高度?所有人造地球卫星,也只是"兢兢业业"地在地球周围画着不同大小、不同形状的圈圈,连离我们最近的天体——月亮的边都挨不着。星辰大海离我们太过遥远,远到让人窒息。然而我们的征途确实是星辰大海,我们没有一头扎入"海"中,不是因为胆怯,而是因为我们还没弄清楚"海水"是一种什么东西。所以,让我们先从向海中抛石子儿开始做起吧。

如果说地球周围的人造卫星是服务于人类的贴身侍卫的话,那么深空探测航天器就是人类的特种侦察小队。人类开展深空探测的原因很简单:我能,我想知道。于是,正如婴儿喜欢把所有好奇的东西笨拙地放入嘴里一样,人类以一种同样笨拙的方式,从地球上奋力把航天器抛往茫茫太空,就像我们探索海洋时向海中抛去的石子儿,希望"她们"能够告诉我们外面的世界到底是怎样的。然而,此时"她们"已经远离了伴随着人类从海洋单细胞浮游生物进化成高阶智能生命的地球。在空旷的宇宙空间中,看似处处都是路,但其实并没有路。因为深空探测航天器在茫茫太空中几乎找不到任何补给,而其所有的依靠就是火箭和"她"分离时所赋予的初始速度,以及自身携带的所有物资。我们只有背上背包,带着我们的智慧和探索精神,到没有路的地方去走出一条路!

12.2　金钱:理想与现实的差距

每次有重要航天发射时,各大电视台总会跟进报道,最激动人心的时刻莫过于倒计时和火箭发射升空的那几十秒,在巨大的轰鸣声中,看到火箭异常突兀地悬浮在自己面前的空气中,喷射着熊熊"怒火",在大部分人看来,这是人类在肆无忌惮地展示自己的实力,场面激动人心,但是在笔者看来,这是人类向地球引力发出的不甘心的"吼叫"。为什么不甘心?因为地球人的深空探测能力实在是"弱爆了"。为了了解人类的弱小,需要建立深空探测的基本概念。先来看几组数据感受一下。

第一组是距离数据：

a. 民航飞机距离地面高度约为 10km；

b. 近地轨道卫星高度约为 400km；

c. 静止轨道卫星高度约为 36 000km；

d. 月球距离地球约 380 000km，这是深空探测的门槛；

e. 火星离地球最近时，距离地球约 55 800 000km；

f. 冥王星离地球最近时，距离地球约 5 900 000 000km。

第二组是速度，这里需要用航天器速度的最小单位 km/s。没错，换算后，非航天器的速度值中非零数字都在小数点后待着。

a. 汽车的一般行驶速度为 80km/h，约 0.02km/s；

b. 高铁的最高运行速度为 350km/h，不到 0.1km/s；

c. 民航飞机的速度为 1000km/h 左右，约 0.28km/s；

d. "天宫二号" 的速度约为 8km/s；

e. "嫦娥一号" 的最高速度约为 10.58km/s；

f. "新视野号" 是人类最快的飞行器之一，其最高速度可达约 16km/s。

第三组就是时间：

a. 美国亚特兰大到南非约翰内斯堡的航班飞行时间约为 17 小时；

b. "嫦娥一号" 飞到月球花了 83 小时；

c. "好奇号" 火星车探测器从起飞到着陆花了 254 天；

d. "新视野号" 飞往冥王星花了 9 年；

e. "旅行者 2 号" 飞越日鞘区花了 30 年。

从这几组数据可以很容易看出，深空探测距离远、时间长，要求达到极高的速度，这与我们平时活动的方式相比，所有参数都高出多个数量级。我们再回来看看为此付出的代价：

人类目前使用过的最强的火箭是美国人为探月工程专门研制的 "土星 5 号" 火箭，"这货" 可以将 118t 的航天器送到近地轨道，也就是速度可以达到约 8km/s，还可以把 47t 的航天器送到月球轨道，也就是说速度可以达到 11km/s 左右。很牛是吧？然而代价高昂。1961—1972 年期间,美国人正式发射了 6 艘登月飞船,耗资 255 亿美元。考虑到通货膨胀,当时 255 亿美元的购买力相当于 2010 年的 1800 多亿美元,平均每艘价值 300 亿美元。而 2010 年中国国防军费预算按照当时汇率计算仅为 791 亿美元。看明白了吧,一艘"阿波罗"载人登月飞船就可以用掉我国将近 40% 的年度国防预算!那么无人航天器呢?再来看看 2006 年发射的深空探测器"新视野号",发射时重量为 478kg,共花费 7 亿美元。然而去掉燃料,再去掉主体结构,真正能够用来做科学研究的仪器只有 30.4kg。

因此,其实所谓技术上的限制,关键还是在于当前的火箭推进技术成本太高。因此,美国和苏联在冷战结束之后,都停止了互相挑衅的行为。目前运力最强的运载火箭"德尔塔"近地轨道的运载能力不到 30t,比起土星而言,差得可不是一点半点。到这里,我们有必要把前文的"弱爆了"说得再清楚些,那就是太贵了,再直白点就是"穷"。既然穷,那么就得省,我们要做的事情的花费是以亿元为基本单位,也就值得让世界上最聪明的大脑来思考如何节约成本,哪怕只是 1%。

12.3 引力"弹弓":省钱的好办法

说到省钱,这里就非常有必要提到一位大师级的传奇人物——罗伯特·法库尔(Robert Farquhar)。20 世纪 80 年代初期,美国、苏联、欧空局、日本都具备了较强的航天能力,他们自然不会放弃每个争夺"人类第一次"的机会,其中最吸引眼球的自然是探测 1986 年将要回归的"哈雷"彗星。当其他同行们都在发扬航天精神,加班加点地研制人类第一个探测彗星的航天器的时候,罗伯特却想到了一个利用在轨且快要退役的航天器,也就是"国际日地探测器 3 号(ISEE-3)"来探测彗星的方法。阅读本书的小伙伴应该能够理解,卫星的推进剂是极其有限的资源,而一个快要退役的卫星,已经消耗了不少的推进剂来做轨道保持了,怎么可能比得上专门为了探测彗星而研制的航天器呢?这里就需要掌握深空探测中一个必备的技能——利用天体引力,俗称"打弹弓"。可以这么说,不会"打弹弓",你是没法在深空界"混"的。

"国际日地探测器 3 号"是美国研制的一颗用于探测太阳和地球空间环境的航天器。它并不是一颗人造地球卫星,因为它的运行轨道不是围绕地球转,而是围绕太阳转,所以也可以称为人造行星。它的轨道有个很酷的名字,叫作"光晕"轨道,这个轨道位于距离地球 150 万千米的深空中,在这个位置地球和太阳对航天器的引力可以保持一种微妙的平衡,使得该航天器能够保持与太阳、地球的相对位置基本不变。这样,它一方面可以观察太阳,另一方面可以稳定地将数据传回给地球。像这样的点总共有 5 个,称为拉格朗日点。

要理解"打弹弓"的原理得费点力气。从最简单的道理上思考,如果不考虑空气阻力,我们在地球上把一个小球往高处抛起时的初始速度和它落回到手上的速度是一样的。具体地说,就是在小球上升过程中,地球引力先使小球减速,其速度变成 0 之后,再加速向下落,由于减速和加速作用的时间是一样的,所以初始速度和最终速度的绝对值不会有变化。与这个过程相反,当航天器飞向某个天体时,该天体的引力会先让航天器加速,但是当航天器远离天体时,该天体引力会让航天器减速。太空中是没有空气阻力的,因此我们可以认为最终航天器的速度绝对值也没有变化。

这么看来,何来加速一说呢?因为我们前面的讨论忽略了一个很重要的因素,地球上抛起的小球和地球本身是相对静止的,然而天体相对于航天器则是在高速运动的,这个高速运动就是天体的公转。正如我们把一个小球扔向墙壁,弹回来的时候速度是与扔出时相同的,但是如果把小球扔向一个高速运行的火车头呢?小球会被高速的火车撞上,以更快的速度反弹向火车行进的方向,这就实现了小球的加速,当然与此同时,小球的运动方向也改变了。而这个加速的效果理论上最大可以达到火车本身速度的两倍。假设小球径直飞向火车头,速度是 10km/h,火车速度是 100km/h,此时小球相对火车的速度是 110km/h,撞上火车后,它会以相对火车 110km/h 的速度反弹回去,此时,其相对地面的速度达到惊人的 210km/h(见图 12-1)。当然,理论上火车的速度也许会因此减慢一点,但由于火车的重量远高于小球,这点速度可以忽略不计。我们把在宇宙中飞驰着的巨大行星看成火车,把深空探测航天器看成小球,道理是一样的,如图 12-2 所示。

看到这里,也许你会想,这么看"打弹弓"并不难嘛,找到一个天体,利用它加速就可以了。但是事实上并非这么简单,如何选择最省钱的方式"打弹弓"绝对是一门学

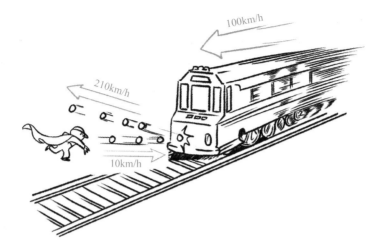

图 12-1　从飞驰的火车上反弹的小球

图 12-2　行星"列车"

问。图 12-3 给出了多种"打弹弓"的方式,效果各异,如何选择飞入的角度、速度和时机,这可是一个完全开放的课题,难度可想而知。

另外,深空探测中面对的天体可不止一个,如何利用多个天体加速,则是天时、地利、人和一个都不能少,这需要选择一个合适的时机,也就是我们常说的发射窗口。例如,"旅行者 2 号"成功地利用木星、土星、天王星和海王星的重力连续加速,而想要达到这种效果,则需要这些大行星很自觉地排成一个完美的弧线(见图 12-4),这种机会可以说是百年一遇。

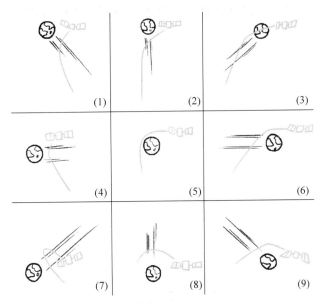

(1)　　　　(2)　　　　(3)

(4)　　　　(5)　　　　(6)

(7)　　　　(8)　　　　(9)

图 12-3　各种"打弹弓"的方式 [1]

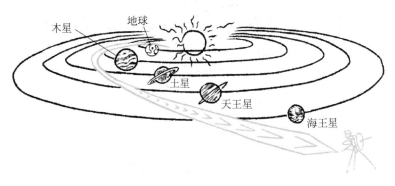

图 12-4　"旅行者 2 号"的轨道

　　此外,还需要掌握利用同一个天体多次"打弹弓"的高级技能。其中最简单的就是两次利用月球引力做轨道机动。也就是说,首先将航天器发向月球,并利用其加速从而让航天器能够到达更高的轨道,此后航天器将在地球引力作用下,速度越来越慢,转而重新向地球靠近。如果计算得当,当航天器再次经过月球轨道时,月球恰好也经过这个位置,此时就可以通过第二次轨道机动进行减速,让航天器回到原来的轨道上,如

图 12-5 所示。当然，实际应用时轨道不会像理论上那么规则，ISEE-3 的实际使用轨道如图 12-6 所示。

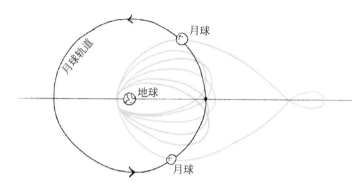

图 12-5　两次利用月球引力做轨道机动的一种方法 [2]

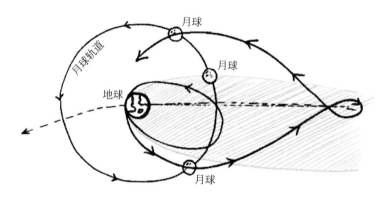

图 12-6　ISEE-3 的实际使用轨道 [3]

　　这种只用两次引力辅助的轨道显然不能满足轨道科学家的胃口，他们也是越玩越开心。欧空局的"罗塞塔（Rosetta）"深空探测器先后利用地球引力完成三次加速，利用火星完成一次加速，如期完成了和"楚留莫夫-格拉希门克"彗星的约会，如图 12-7 所示。

　　土星探测器"卡西尼号（Cassini）"则是走了一个迂回路线，先往反方向飞行，两次利用内行星金星加速，随后利用地球和木星加速，最后到达土星。前文提到的罗伯特·法库尔更是把月球引力利用到了"丧心病狂"的地步，他五次利用月球引力改变 ISEE-3 的轨道，最终赶在所有竞争对手的前面完成了人类第一次对彗星的探测（注意：ISEE-3

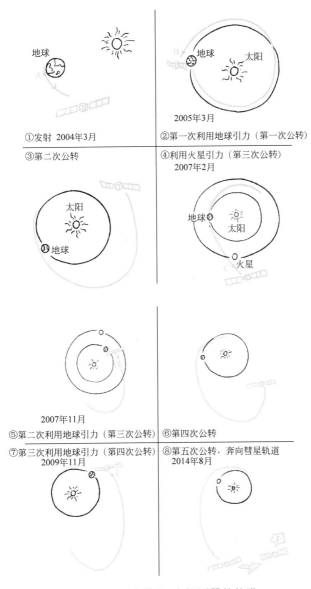

图 12-7 "罗塞塔"深空探测器的轨道

A点:"罗塞塔"发射;
B点:完成第一次公转时,与地球再次相遇,第一次利用地球引力加速,进入地球和火星轨道之间的大椭圆轨道;
C点:进入大椭圆轨道后,完成第二次公转,在第三次公转时利用火星引力改变轨道;
D点:还是第三次公转,利用火星引力改变轨道后,第二次利用地球引力加速,进入第四次公转;
E点:在第四次公转时,再次与地球相遇,第三次利用地球引力加速,奔赴彗星。

探测的是"贾可比尼-秦诺"彗星,而非"哈雷"彗星,因为当时罗伯特发现这颗彗星比"哈雷"彗星更近,可以更早完成探测)。在这个过程中,ISEE-3还顺便穿过地磁尾,完成了人类对地磁尾的首次深度探测。

"卡西尼号"是美国国家航空航天局(NASA)和欧空局(ESA)合作研发的土星探测器,它在太空中飞行了7年才到达土星,在没有补给和维护的情况下在太空中可靠工作了13年。期间,它观察了土星的风暴,检测了土卫六大气成分,给出了土卫二上存在液态水的铁证。2017年9月15日,"卡西尼号"按计划冲入土星的大气层,在与土星完成最后一次亲密接触后坠毁在土星,圆满完成了它的使命。

利用天体加速得到的回报是丰厚的。比如,"旅行者2号"在利用木星加速前,其速度为9km/s,还远远达不到太阳系的逃逸速度,而加速后轻易地把速度提高了将近两倍,达到25km/s,此后它的速度始终保持在逃逸速度之上(见图12-8);"新视野号"在飞越木星的时候得到了4km/s的速度增量;而"卡西尼号"原本需要推进器提供15.7km/s的速度增量,但利用行星的引力使得这个速度增量的要求降低到2km/s,要知道"卡西尼号"的发射重量达5.7t,是"新视野号"的12倍,如果不利用引力加速,目前在役的火箭没有一个能够完成这项任务。

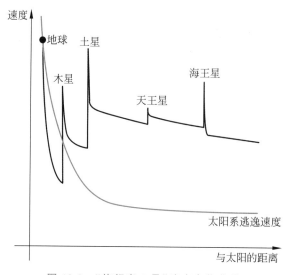

图 12-8 "旅行者 2 号"速度变化曲线

当然,目前人类的技术能力也在不断地提升,仪器设备越来越小、越来越轻。例如,"新视野号"的发射重量大约只有"旅行者 2 号"的一半,而功能总的来看还有所提升。相对于"旅行者 2 号"精心设计了多次加速的轨道而言,人们可以用直接、粗暴的方式设计"新视野号"的轨道,使其到达木星仅花了 1 年时间,飞越木星时与太阳的相对速度高达 23km/s。相比而言,"旅行者 2 号"到达木星则花了 2 年时间,飞越木星时速度也只有 9km/s。

12.4　通往星星的路

无论如何,在航天技术发展不到 100 年的时间里,人类的空间旅行手段并没有突破性的进展,依然只能派出侦察用的航天器向周围探查情况。聪明的航天工程师们总是尽可能利用太空中的一切资源来提升航天器太空旅行的能力。航天器路过的每一个天体都是可能的补给点,但显然我们不是降落到天体上去获取物资,而是通过它们的引力"窃取"它们的飞行动能,使之转变为我们需要的速度增量。我们小心地考虑着每个可能的补给点,设计着前行的路径,于是这些补给点也就构成了人类在太阳系行走的路基。

但是即便有了这些路基,太空依然没有固定的道路,因为这些路基时刻变化着,我们刚走过的路再转头望去,可能已经化为一片汪洋,下次再走过,也许已是百年之后。往前看,下一步走向何方,依然困惑,这一脚是迈向四面八方的哪个方向?这一步是大步迈出还是小心地移动一小步?看似都可以,也许都不可以。

当然,利用物理定理和计算机,我们可以通过模拟和仿真,计算出选择各个行动的结果,它们也许可以告诉我们某条路会走向无边的黑暗宇宙而一无所得,或者另一条路会使你耗尽所有的能量,最终坠落到某个天体上,永远无法离开。然而,它们没有办法帮你尝试每个位置、每一个时刻可以使用的每种可能的推进方向和推力的大小,进而帮你找到你想要的正确答案。此时,人类能够依靠的唯有自己的智慧和想象力。深空探测既是一个团队作战的事业,也是一个崇尚个人英雄的事业。要知道,一位优秀的轨道设计师所创造出的深空探测轨道,可以完成看似不可能完成的任务,而如果没有人想到这个方向,那么也许这个成就会与我们失之交臂。

其实太空中本没有路,你的想象力所在,就是路。

参考文献

［1］ Shortt D. Gravity Assist. The Planetary Society official website［EB/OL］. http://www. planetary. org/blogs/guest-blogs/2013/20130926-gravity-assist. html.

［2］ Dunham D W，Davis S A. Catalog of Double Lunar Swingby Orbits for Exploring the Earth's Geomagnetic Tail［C］. Computer Sciences Corp，1980.

［3］ Farquhar R W. The Flight of ISEE-3/ICE：Origins，Mission History，and a Legacy［R］. American Institute of Aeronautics and Astronautics，Inc. ，1998.

第 13 章　太空中的蝴蝶效应

如果一个智者能知道某一刻所有自然运动的力和所有自然构成的物件的位置，……对于这智者来说没有事物会是含糊的，而未来只会像过去般出现在他面前。

——拉普拉斯（法国数学家）

13.1 可怕的混沌

当人类掌握了牛顿力学的时候，人类认为自己已经掌握了宇宙的真理：只要我掌握的信息足够多，计算能力足够强大，那么就可以计算出未来。此时，宿命论甚嚣尘上，一个人出生之时，已经决定了他这一生的成就，因为他的生活轨迹是可以计算的，下一秒的运动方向也是可以计算出来的。

当然，很快量子力学就给了宿命论狠狠的一击，量子力学强调在某些情况下人的主观意识对一件事情的结果会起着决定性的作用。如果你觉得量子力学太玄乎的话，那么还有一个更加贴近生活的混沌理论，让人们深深地感受到自身在规律面前的渺小。这个理论告诉我们，哪怕是有宿命，你也甭想算出来！

> 你知道"拉普拉斯妖"吗？它是传说中科学界的四大神兽之一。这个妖怪是被数学巨擘拉普拉斯创造出来的。拉普拉斯假设，如果有个超级厉害的存在，能够知道宇宙中每个原子的位置、运动方向和速度，而且具有很强的计算能力，他就能够使用牛顿定律计算并预测整个宇宙的未来。这个存在就是后来人们所说的"拉普拉斯妖"。
>
> "拉普拉斯妖"诞生于1814年，但是很快被一个更加厉害的妖怪"薛定谔的猫"所吞噬。"薛定谔的猫"来自于量子力学。这只猫极其诡异，如果没有任何人去看这只猫，那么这只猫就处于生死之间的一个状态，而一旦有人观察了这只猫，那么这只猫就会变成一只普通的活猫或者死猫。没有人能够预测这只猫是死是活。更要命的是，这个理论从目前来看是正确的，这意味着代表着决定论的"拉普拉斯妖"并不存在。

那么这章就先来谈谈混沌理论吧。除了老板的心情，人们大概最想知道的就是明天的天气了。然而美国气象学家爱德华·罗伦兹说："一只南美洲亚马逊河流域热带雨林中的蝴蝶，偶尔扇动几下翅膀，可以在两周以后引起美国德克萨斯州的一场龙卷风。"这可就要命了，到哪儿去找那么多摄像头来监控南美洲的每一只蝴蝶呢？那么结论也是清晰的，既然没法找到那么多摄像头，那么精确预测两周后的天气也是不可能的。这就是所谓的混沌理论的精髓：初始条件的微小变化，有可能对未来的状态产生非常巨大的影响。

说到这里，有些小伙伴估计会说，别闹了，那么多蝴蝶天天扇翅膀，怎么没见那么多龙卷风？这问题问得还真是很有道理。其实，爱德华是个"标题党"，真正的混沌理论也没有那么玄乎。想弄明白，就得回到我们当年学过的一元二次方程（见图13-1），这种方程解起来对大家可没有什么难度。这种可以得到明确的求根公式的解，我们把它叫作解析解，也就是说得到的答案是精确的、无任何误差的。

$$ax^2 + bx + c = 0 (a \neq 0)$$

$$x = \frac{-b \pm \sqrt{b^2 - 4ac}}{2a}$$

图 13-1　一元二次方程的求解公式

然而在工程中，很多问题是没有解析解的。先不说微分方程这些听不懂的东西，我们仅考虑一元多次方程。法国数学家伽罗瓦早在17世纪就证明了，对于五次和五次以上的方程，一般求根公式是不存在的。那么对于这种情况，最常见的做法就是分解因式（见图13-2），但是分解因式的题多难做啊，很多题数学家也不一定能够搞定。所以大家也就能够理解，方程的解析解计算公式可不是说有就有的。

$$ax^4 + bx^3 + cx^2 + dx + e = (m_1 x + n_1)(m_2 x + n_2)(m_3 x + n_3)(m_4 x + n_4)$$

图 13-2　分解因式

虽然得不到解析解，但是在实际工程应用中，求出解析解的意义其实也没有想象中的那么大，所以往往退而求其次，只需要得出一个近似解就可以了。求近似解的方法就有很多了，其中最容易理解的就是牛顿法。

牛顿法这个名字听上去非常"牛"，但本质上其实就是一种蒙答案的方法。以 $x^4 - 1 = 0$ 这个四次方程为例（见图13-3），虽然我们不知道它的解是什么，但可以蒙啊。那么我们就在数轴上任意取一个点 x_0，带入到 $x^4 - 1$ 进行计算，看看得到的答案 y_0 是否接近 0，如果足够

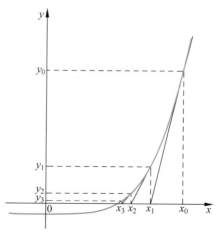

图 13-3　牛顿法求方程的解

接近,那说明猜对了,如果相差比较大,那么我们就在 x_0 这个点做一个 $y=x^4-1$ 的切线,切线和 x 轴的交点是 x_1,那么我们再将 x_1 代入方程计算 y_1。如果 y_1 还是不够接近 0,我们再通过同样的方式找到 x_2,从图上其实不难看出,每次求出的 x 都是更加接近最终答案的,如此反复,直到我们找到一个足够接近答案的 x_n。类似牛顿法的近似求解计算方法还有很多,统一称为数值方法。大家可以看出来,使用数值方法计算方程,是没有办法得到精确答案的,所以为了与解析解相区分,就把它称为数值解。

另外,还需要关注一个问题。我们都知道,$x^4-1=0$ 其实有 1 和 -1 两个解,具体采用牛顿法计算会得到哪个解,这和我们"瞎蒙"的这个初始值 x_0 是有很大关系的。如果初始值 x_0 是正数,那么最终的解为 $x=1$。而 x_0 取负数的时候,那自然得到 -1 这个负数解。

但是,我们把解扩展到复数范围,有些很奇妙的问题就会出现了。学过高中数学的读者都知道,在复数范围这个方程是有 4 个解的,分别是 1、-1、i、$-$i。那我们就在复平面上做个试验,记录不同的初始值和解的对应关系,然后在复平面中画出来。如果这个初始值计算出来的解为 1,我们把初始值的坐标标记成红色,而 -1 则为绿色,i 为黄色,$-$i 为蓝色。为了让图更漂亮些,我们使用不同深浅的颜色来区分得到精确的解所需的循环次数,循环次数越少,颜色越深。那么,见证奇迹的时刻到了(见图 13-4 与彩色插页)。

图 13-4　牛顿法初始值和方程解的关系

可以看到,采用这个方法,能够绘制出一个非常漂亮的图案。大体上看,和实数范围的结果是一致的,初始值最接近哪个解,最终得到的答案就是这个解。但是初始值取在两个解之间比较靠中间的位置时,我们刚刚形成的弱小世界观开始崩塌。比如在蓝色和绿色交界处的某些位置,却会得到红色代表的 1 和黄色代表的 i 这两个解,这就给图中的四个色块镶上了一个美丽而让人畏惧的花边。

为什么畏惧?因为初始值很多时候其实不是蒙的,而是测量出来的,只要是测量,那么就一定会有误差。比如我们需要测量某个时刻、某个坐标的风力,如果此时此刻这个风力值恰好在这个花边上，由于误差，测量出来的结果则会出现在实际值周围的某个范围内，比如有可能在图 13-4 中方框范围内的某一个位置，这样我们计算出来的结果也会是截然不同的 4 个结果。于是本来应该是晴空万里，就有可能变成乌云密布、电闪雷鸣。这已经不是误差了，而是错误。

我们只好采用各种技术，历经千辛万苦，终于把测量误差缩小到一个更小的范围内。这相当于把图 13-4 放大到图 13-5（见彩色插页），可以看到一个细节更加细致的图形。但是很不幸，如果用于计算的初始值实际位于图 13-5 中的方框范围内，之前我们遇到的困境依然存在，因为图 13-5 中大的色块的边界处依然不是一个平滑的曲线，"混沌"给这个边界又画上了一条包含四种颜色的花边。

于是我们进一步努力，缩小误差，把图 13-5 放大到图 13-6（见彩色插页），但是依然存在这个问题，我们依然无法找到一个精确的边界。再仔细看这三张图，看起来每张图都很相似，但是细节又有不同。事实上，无论把图中交界的位置放大到多大，边界都是模糊的、混沌的，而看到的图像大体是类似的，但又有所区别，这种形态在数学上又叫作分形。

图 13-5　牛顿法初始值和方程解的关系
（第一次局部放大）

图 13-6　牛顿法初始值和方程解的关系
（第二次局部放大）

通过以上这个例子，我们可以明白一个道理：如果初始值恰好在边界敏感的区域内，我们可以不断地提升测量精度来降低出现混沌的可能，但是无论怎样提升精度，初始值依然可能在某个敏感区域。也就是说，如果初始值测量有一点点误差，得到的结论很可能是一个完全错误的结论，而不是简单的、有偏差的结论。

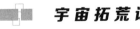
换个角度说,如果初始值正好在敏感位置,那我们的小蝴蝶只需要轻轻扇动一下翅膀,让初始值偏离了一点点,晴空万里就有可能变成龙卷风。呼风唤雨不是神话,关键在于找到那个敏感点,然后稍微改变那么一点点……

13.2 深空探测中的混沌

等等,这本书不是说航天吗,作者拿错剧本了?这个真没有。因为如果你只是在地球周围画圈圈,那么在很大程度上可以忽略太阳、月球等其他天体的作用。比如近地轨道卫星由于距离地球很近,那么可以只考虑地球的引力,这就把问题简化为二体问题。根据开普勒定律,二体问题中所有运动轨迹都是圆锥曲线(圆、椭圆、双曲线、抛物线),在实际工程中,很常见的做法就是将多种圆锥曲线进行拼接,计算起来也简单不少。而如果航天器距离地球相对比较远,那就需要把月球考虑进来,但是由于航天器质量很小,其引力可以忽略不计,那么地球、月球、航天器之间的三体运动也被简化为限制性三体问题,计算起来也简单得多。当然,实际工程中,月球和太阳的引力也不能完全不考虑,只是需要采用一个固定的公式,将其影响作为轨道摄动统一纳入考虑就可以了。

然而,既然我们的征途是星辰大海,那么离开地球的引力束缚之后,太阳的引力、月球的引力、太阳系其他天体的引力就不能简单地采用固定公式来处理了,此时不可避免的就是要面对多体问题。

不幸的是,当面临三体问题时,除了少数几种固定的稳定三体运动模式之外(见图 13-7、图 13-8),大部分情况是杂乱无章的,也看不出明确的规律,可以看看图 13-9,感受一下三体运动轨迹有多么"妖娆"。

图 13-7 稳定的三体运动模式 1

图 13-8 稳定的三体运动模式 2

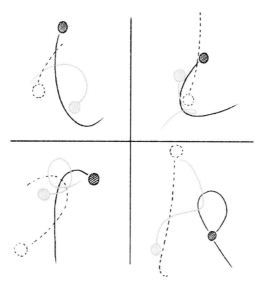

图 13-9　混沌的三体运动

那么,如果需要预测这样三个天体或航天器的运动,将会是一种什么样的体验呢?简单来说,每个天体的位置坐标是 3 个未知数,运动矢量是 3 个未知数,这样 3 个天体就共有 18 个参数。那么我们需要测量这 18 个参数在某一个时刻的值,然后找到一个公式,计算出这 18 个参数在将来某一个时刻的值。当然,我可以很"愉快"地告诉你,这个公式求解的过程中一定会遇到混沌现象。此外,我都不好意思说了,因为深空探测中,能够用引力影响航天器轨道的天体往往不止三个。怎么样,你是不是感到了这个宇宙深深的"恶意"?

13.3　化混沌为秩序之道

那么,在实际工程中如何解决混沌问题呢?先来讲讲有关设计"国际日地探测卫星 3 号(ISEE-3)"的彗星探索轨道的另一个小故事,第 12 章中曾提到这颗卫星。这颗卫星原本在太阳和地球之间,用于探测太阳活动,它的探测任务已经基本完成了,但是科学家们还是希望它工作更长的时间,以便收集更多的太阳数据。为了从热衷于太阳探测的专家手中抢走他们的卫星,主张使用 ISEE-3 探索彗星的专家们增加了一个探测地磁尾的筹码,于是轨道变成了图 13-10 的样子。卫星从探测太阳的光晕轨道中离开,然后通过地球改变其轨道方向,飞到图中阴影部分,也就是地磁尾的区域,这是科学家们策划轨道的第一阶段。

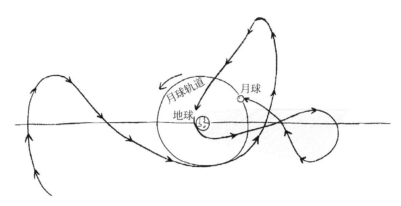

图 13-10　ISEE-3 的轨道(第一阶段)[1]

然后,科学家们设计了 ISEE-3 利用月球引力加速飞往彗星的轨道,就是图 13-11 的样子。

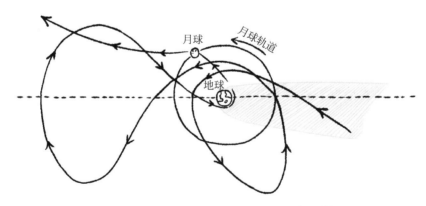

图 13-11　ISEE-3 奔往彗星的轨道(方案 1)[1]

然而,在下一个问题上,科学家们被难住了。这个难题就是如何利用有限的推进剂,在有限的时间内将图 13-10 的轨道和图 13-11 的轨道衔接起来。这需要科学家们先提出一个初步的轨道迁移的思路,随后进行计算来验证他们的想法是否可行。

ISEE-3 卫星在这个轨道迁移过程中同时受到月球、地球和太阳的引力作用,这是一个典型的多体问题。因此验证可行性的过程必须是非常精确的,否则算出来的结果毫无意义。这个精确不光体现在卫星的初始位置和速度上,计算中的每一个步骤都需要保留足够多位有效数字,从而减小可能出现"混沌"的范围,确保在一定的时间范围内,计算结果是可用的。然而,在 20 世纪 80 年代初期,计算机的运算能力比现在差得多,完成一次验证的时间是一星期。

这时候往往是英雄出现的最好时机,当大家都在使劲琢磨图 13-10 和图 13-11 如何衔接的时候,我们的轨道设计"大牛"罗伯特提出第二种利用月球引力加速飞往彗星的轨道(见图 13-12),然后利用当时最新提出的连续两次利用月球引力的轨道机动方法将图 13-10 和图 13-12 的轨道衔接起来。经过验算,罗伯特的方法是完全可行的。

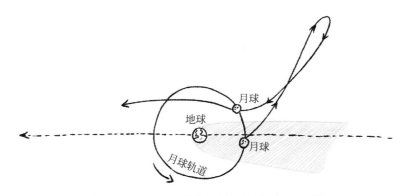

图 13-12　ISEE-3 奔往彗星的轨道(方案 2)[1]

就算是这样,在这个轨道机动的过程中,ISEE-3 还是做了 15 次轨道机动,其中只有 4 次是计划中的,其他都是为了修正轨道的偏差。因为虽然用了一星期的时间计算高精度的轨道,但是这个过程中还是有误差的。随着时间的推移,误差不断被放大,之前求出的"精确的解"就会越来越不可靠,此时就需要根据最新的计算结果微调轨道。从表 13-1 中可以看出,计划外的轨道机动所消耗的能量相对计划内的少了一个数量级,因为只要修正及时,偏差就不会太大,因此需要消耗的能量也就相对少。

讲到这里,我们可以总结一下航天工程面对混沌现象的"三板斧":第一,提升测量精度和运算精度;第二,运用创造性的轨道设计思维;第三,知错就改,及时修正轨道。

表 13-1　1982—1983 年 ISEE-3 轨道机动情况[1]

序号	轨道机动日期	是否计划内	速度增量/(m·s⁻¹)
1	1982 年 6 月 10 日	是	4.50
2	1982 年 8 月 10 日	否	0.45
3	1982 年 12 月 15 日	否	0.12
4	1983 年 2 月 8 日	是	34.07
5	1983 年 3 月 1 日	否	1.12
6	1983 年 3 月 22 日	否	0.36
7	1983 年 4 月 2 日	否	0.07
8	1983 年 6 月 1 日	是	27.03
9	1983 年 7 月 1 日	否	2.21
10	1983 年 8 月 12 日	否	0.31
11	1983 年 9 月 20 日	否	0.03
12	1983 年 10 月 1 日	否	0.16
13	1983 年 10 月 12 日	否	0.15
14	1983 年 11 月 10 日	是	6.49
15	1983 年 11 月 23 日	否	0.16

说到修正轨道，还是有必要多说一下的。15 次轨道机动是个什么概念呢？在深空中，信号传输的延迟已经到了不可忽视的地步。例如，火星距离地球最近的时候，信号往返延迟就有 6min。也就是说，发出指令 6min 之后你才能知道执行的结果，这个过程中的后 3min 虽然你还不知道结果如何，其实指令执行的结果已经出来了。那么我们只能预先把准备工作做好，因为一旦指令发出，在等待结果的这段时间，除了祈求成功之外还真没什么好做的了。因此，每次轨道修正都是对系统可靠性和航天工作者心理承受能力的一次考验，每次轨道机动完成，在心底祈求成功的航天精英们都会鼓掌庆祝一番。

航天科技，造福人类

给年轻的爸爸妈妈们带来便利的尿不湿，其实最早是给航天员使用的。据说人类第一名航天员加加林在上太空前突然感到尿急，于是对着送自己到发射场的大巴车轮胎解决了问题。第一名美国航天员艾伦·谢波德则有点惨，他在飞船上憋了

4个多小时之后，才获批可以"尿裤子"。随后，尿不湿横空出世。

然而，人类第一名航天员加加林却开了一个"恶例"。尽管有了尿不湿，俄罗斯航天员们上太空前都要对着大巴车轮胎解决下生理问题，据说这么做的航天员都能够平安回来。这不，2018年10月11日，搭载着1名俄罗斯航天员及1名美国航天员的俄罗斯"联盟-FG"型运载火箭在升空过程中发生严重故障，两名航天员乘坐逃逸塔成功逃生，安然无恙。我想，他们一定在登上飞船前虔诚地完成了传统的"迷信活动"吧。

13.4 深空之歌

当人类的目光从脚下的土地移开、远眺宽广的海洋时，人类的活动方式也开始从一维道路组成的道路网，转向开阔的二维海平面；而当人类继续将视线向上移动、投向深邃的星空，人类活动的方式已经从二维转变为三维。但是，看似空旷和安静的三维宇宙空间也许比善变的海洋还要凶险，人类在地面进化出来的视觉器官根本无法看到天体的引力对空间的扭曲，没有经过训练的人类大脑也不太适应去思考没有受到外力的木块为什么会永远向前方滑动这种问题。

幸运的是，人类拥有强烈的求知本能，并建立了传承知识的社会体系。通过一代代先行者的努力奋斗，我们具备了非凡的能力。我们能够发挥想象力，并通过严谨的计算，在三维空间无数种可能的路径中，排除掉会让我们在寒冷、孤寂的太空中永世流放的凶险，最终找到足够好的一条路径。在这条路径上，我们非但不会掉进宇宙天体的引力陷阱，而且还能利用它们，使我们的"弹弓"能"打"得更远，让我们的"子弹"能够在空间中转变方向，同时避开混沌世界蝴蝶效应的影响，最终精确地飞往希望"她们"去的地方。也许，在那里，我们能够找到我们的第二个家园。

参考文献

[1] Farquhar R，Muhonen D，Church L C. Trajectories and Orbital Maneuvers for the ISEE-3/ICE Comet Mission[C]. AIAA/AAS Astrodynamics Conference，1984，8：20-22.

挫 折 篇

总师

总指挥

第 14 章　闯祸的"最高境界"

如果有两种选择,其中一种将导致灾难,则必定会有人做出这种选择。

——墨菲(美国工程师)

14.1 复杂系统的挑战

只要是人就会犯错，但对于超级复杂的航天系统来讲，一个人的小小失误就可能导致花费数十亿美元的整个任务失败，这里戏称为"闯祸的最高境界"。

航天系统的复杂程度之高，在所有的工业品中都能排到前列。一个航天器通常由几百万个零部件组成。比如美国的"土星5号"火箭共有300多万个零部件；"阿波罗"飞船的零部件达到了720多万个。中国的"神舟"飞船重8吨余，总长8米多，这样一个并不算很大的产品由13个分系统组成，装有52台不同推力的发动机，飞船上的电缆总长度超过30km，共有600余台设备、10万余个元器件，上千家单位参与研制。如此复杂、精密、庞大的系统，还需要在极高的速度、极为苛刻的环境下工作，即使其中一个很不起眼的零部件出了问题，就可能导致整个系统无法完成预定的任务，甚至箭毁人亡。

很多人还记得美国"挑战者号"航天飞机的灾难。悲剧是由于右侧火箭助推器的一个O型环密封圈失效造成的，七名航天员出师未捷身先死。2001年，"哥伦比亚号"航天飞机返回地面时，由于外部燃料箱表面脱落的一块泡沫材料击中航天飞机左翼前缘，高温气体致使机翼和机体融化，机毁人亡。

在载人航天早期阶段，最悲剧性的飞船事故是"阿波罗4A"飞船。因为失火，三名"阿波罗4A"的航天员在地面模拟试验中被活活烧死。这起事故并不算人为事故，不是哪位工程师粗心大意造成悲剧，主要是设计师对纯氧方案的潜在威胁缺乏认识。当时的"阿波罗"飞船采用1/3大气压力的纯氧方案，这就使得一些在正常空气中本属于耐火材料的塑料制品在纯氧中成了易燃物品。舱门设计得也有问题，90s内绝对打不开。着火时舱内形成负压，短时间内从里外都无法打开，大火在短短几十秒内就夺去了三名航天员的生命。

世界各国在发展航天技术的过程中，都因为各种原因，发生了数以万计的各种事故，只不过严重程度不同而已。比起成功，人类往往从失败中学到的更多。正因为如此，关于失败的细节及其中的技术原因，各国早期往往严加保密。

所有的产品都是由人设计、制造和使用的,这些事故归根结底都可以说是人的原因导致的。像"挑战者号"这样的事故,固然有许多管理上的原因,但主要还是工程师对科学规律认识不足,设计不合理,或没有真正掌握其中的关键技术造成的。此外,也有许多重大的航天事故完全是由于工程师的粗心大意造成的。

　　这些人为差错在事后看来都是完全可以避免的。但航天系统太复杂,在设计、制造、装配、测试、发射、在轨运行的过程中,通常会有多达几万人先后参与其中,难以保证其中任何一个人都不犯一点错误。这些由于人为差错闯的大祸数量多而且随机出现,听起来特别诡异和匪夷所思。一名工程师或者航天员的小小疏忽,可能造成价值数亿美元的导弹、火箭、卫星、飞船损毁,危害程度极大,但又难以预防。据统计,美国"大力神"火箭早期的失败中有20%~50%都是人为差错造成的。不仅是航天,80%的海上事故也是由于人为失误造成的。而绝大部分空难根本就不该发生,人为因素占了其中的最大比例。在互联网时代,根据卡巴斯基实验室和B2B International组织的调查报告,"每年有46%的IT安全事故是由企业内部员工造成的"。下面就讲讲航天史上工程师闯祸的事故。

14.2　航天人闯的祸

　　航天工程师早期需要解决的主要问题是:提高运载火箭的推力,同时保证其安全性。外太空没有氧化剂,火箭设计最主要的难点就是要同时携带燃烧剂和氧化剂。火箭除了箭体结构和控制设备,主要的重量都来自燃料。例如发射"神舟"飞船的CZ-2F火箭,起飞重量为479t,火箭自身的结构和飞船加在一起才重44t,其余都是推进剂。对于航天员来说,那真的就是坐在一个大炸药桶上,而且这个炸药桶还一直在燃烧。火箭一旦出问题,结果自然非常严重。在各国早期研制导弹和运载火箭时,故障率都相当高,其中很多事故都是人为失误。1976年,美国进行导弹发射试验,操作人员在拧紧舵机压紧螺母时少拧了半圈,结果导致舵机失灵,任务失败。不仅是美国人,像这种看上去特别不起眼的操作失误闯了大祸的情况,在各国航天史上屡见不鲜。日本人就犯过更低级的错误,1976年发射M3C-3火箭时,居然把火箭二级发动机按照三级发动机进行控制,结果当然是火箭失控。

火箭发射过程中最可笑的失误可能要算 1981 年美国 Delta 火箭加注过程的重大失误。当时美国计划用代号为 Delta 3913 的 DSV-3P 型火箭在范登堡空军基地发射两颗卫星，负责燃料加注的工程师通过观察孔看到燃料已经有加满溢出的情况，没有认真检查测量仪表就停止了加注，结果少加了 118kg 推进剂。发射时，火箭自然莫名其妙地提前关机，造成两颗卫星都没进入预定轨道，好在后来通过卫星自己的发动机修正了轨道，结果虽然没有成为悲剧，但卫星寿命因此大打折扣。

相比起来，"阿丽亚娜"火箭就没那么幸运了。1990 年 2 月 22 日，法国在库鲁发射场计划用"阿丽亚娜 4L"型火箭（编号 V36）把美国为日本制造的两颗"超鸟"通信卫星送入轨道。当时"阿丽亚娜 4"型火箭已经连续成功发射多次，大家也都信心百倍，志在必得。没想到，火箭点火后，一级发动机燃烧室的压力骤降，推力不足，火箭姿态开始出现不稳，11s 后从 9km 高度坠落，发生了剧烈爆炸。当时外行都能看出来，刚一点火，火箭就和正常情况很不一样。

事故发生时火箭距离发射台仅有 12.5km，为了避免给地面造成更大的伤亡，控制人员被迫紧急引爆了火箭第二级和第三级。事故调查结果特别令人心痛，火箭没有任何设计问题，仅仅是因为操作人员把一块抹布遗忘在火箭第一级维金（Viking）发动机的供水管路中，堵住了供水阀门，最终导致火箭爆炸。这起由一块抹布引发的事故毁掉了价值 4.3 亿美元的通信卫星和 1.7 亿美元的火箭，一共损失 6 亿美元。要知道，那可是 1990 年的 6 亿美元！

"阿丽亚娜"火箭真是命运多舛。1995 年，"阿丽亚娜 5"型运载火箭（见图 14-1）的处女秀再次遭遇重大失败。当时欧空局已经为研制"阿丽亚娜"火箭投入了 80 亿美元，非常期待它能够在商业航天发射市场继续保持领先地位。但没想到火箭发射 37s 后，两套互为备份的

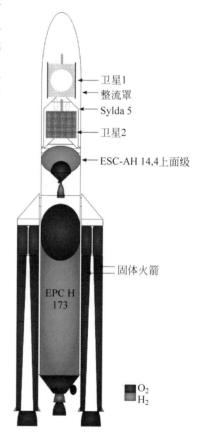

图 14-1　"阿丽亚娜 5"型火箭剖面图[1]

惯性导航计算机系统先后出现故障,火箭突然转向并开始解体,之后飞控计算机启动了自毁程序。火箭最后在距离发射台仅 1km 的 4km 上空剧烈爆炸。爆炸物形成了一个长约 4.8km 的椭圆形云团,最后散落在 12.5km² 的区域内,如图 14-2 所示。

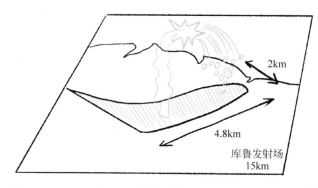

图 14-2 "阿丽亚娜 501"火箭发射失败后的碎片坠落区域 [2]

事故调查报告指出:火箭爆炸的主要原因是一个很简单的软件设计缺陷。火箭使用的惯性导航计算机软件从"阿丽亚娜 4"型火箭继承而来。当时认为火箭的水平速率不会超出一个 16 位有符号整数的最大范围,所以就使用了整型数据来表示火箭水平速度,经过多次飞行证明软件非常可靠。但"阿丽亚娜 4"型火箭的推力重量比为 1.2,而"阿丽亚娜 5"型提高到 1.75,这就造成了横向速度比 4 型火箭快了 5 倍。

惯 性 导 航

惯性导航系统是使用加速度计和陀螺仪来测量物体的加速度和角速度,然后使用计算机估算运动物体的位置、姿态和速度的辅助导航系统。惯性导航的基本原理是只要知道自己的开始位置,然后知道自己每一时刻的运动方向、速度,那么当然就可以通过不断地累加计算,得到当前时刻的位置和朝向。惯性导航的优点是不需要外部参考,好比人闭着眼睛走路。缺点是时间长了以后,误差就会累积,导致结果不可信。惯性导航的关键器件是陀螺仪,它是基于旋转物体的旋转轴指向在不受外力作用时不改变的原理设计的。1905 年,一位名叫埃尔默·安布罗斯·斯佩里的美国人在陪孩子玩耍时,他的孩子问为什么旋转的陀螺能够立起不倒下,斯佩里持续思考这个问题,在 1908 年发明了可以保持正北状态而不受磁场影响的陀螺仪并被美国海军采用。实际上现在大家的手机里就有陀螺仪,所以手机软件才能够得到当前手机的方向,以便确定手机屏幕图像的显示方式。

实际工作时,软件需要将用 64 位浮点数表示的水平速度转换为 16 位有符号整数。一个 16 位的变量可以表示 −32 768 到 32 767 范围内的值,而一个 64 位的变量可以表示 −9 223 372 036 854 775 808 到 9 223 372 036 854 775 807 范围内的值。一旦需要转换的浮点数比 16 位有符号整数能够表达的最大整数还要大时,就会造成溢出,从而导致致命的故障。

按理来说,这个问题并不复杂,合格的软件工程师都应该能想到并采取措施。工程师理应在前提假设不成立时,对数据溢出进行保护,但可惜的是这位工程师犯了一个小小的错误,忽略了这一点,就是这个小小的软件设计缺陷导致总价值 3.7 亿美元的火箭和四颗地球磁场探测卫星被炸为乌有。这件事被认为是"史上由软件 bug 造成的最严重事故"。笔者千辛万苦地翻阅各种档案,找到了当时火箭惯性导航系统的源代码并添加了注释。它是用一种古老的 Ada 语言写成的,不过别担心,非常简单,没有学过编程的朋友也完全可以读懂。其实所谓的 bug 就是一行代码的问题。

```
begin
sensor_get(vertical_veloc_sensor);                          %获取垂直速度
sensor_get(horizontal_veloc_sensor);                        %获取水平速度
vertical_veloc_bias := integer(vertical_veloc_sensor);      %将垂直速度转换为整型
horizontal_veloc_bias := integer(horizontal_veloc_sensor);  %integer 这个函数用于将水平速度转换
                                                            %为整型,就是这里出现了数据溢出
…
exception
when numeric_error => calculate_vertical_veloc();
when others => use_irs1();
end;
```

不仅是火箭,卫星、飞船和探测器的研制过程也都遇到过许多马马虎虎的工程师,偶尔的粗心大意常常毁掉整个任务。同样是在数字上栽了跟头,"阿丽亚娜"火箭的工程师犯的错误还算比较高级,问题的确非常隐蔽,在地面测试中很难发现。相比起来,美国洛克希德·马丁(简称洛马)公司的工程师犯的错误就太低级了。

　　洛克希德·马丁公司是世界上最大的军火公司之一。它是由洛克希德公司和马丁·玛丽埃塔公司在 1995 年合并而成,简称洛马。洛马公司也是著名的航空航天公司,研发了许多著名的军用飞机,如 F-11 战斗机、F-35 战斗机、C-130 运输机。"大力神"火箭和许多现阶段的卫星也是洛马公司的产品。原洛克希德公司是由洛克希德兄弟于 1912 年创立的,最早主要研制水上飞机。二战期间,洛克希德公司研制的 P-38 战斗机击落了日本海军联合舰队司令长官山本五十六的座机。洛克希德公司的主要飞机研制部门绰号为"臭鼬工厂",在航空界鼎鼎大名,因为他们总是能够利用有限的时间和资源突破技术限制,研制出性能优异的飞机。

　　1994 年,NASA 已经完成了征服太阳系全部八颗行星的艰巨任务,这是伟大的成就。下一个任务确定为"火星气候勘探者"探测器,目的是探测火星的大气成分。任务由 JPL 组织实施,洛马公司负责研制。花费 2 亿美元和 4 年时间,NASA 终于打造出一个非常漂亮的探测器,如图 14-3 所示。

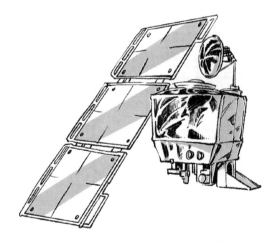

图 14-3 "火星气候勘探者"探测器

　　火星是太阳系的第四颗行星,也是距离地球第二近的行星。即便如此,火星距离地球最近时也有 5500 万千米,最远时则超过 4 亿千米。大约每隔 15 年才会出现一次二者之间的近距离接触,探测机会稍纵即逝。1998 年,火星和地球的距离达到约 5880 万千米,这是一个适合探测的距离。洛马公司和 JPL 实验室的工程师们"玩命"加班,终于让

"火星气候勘探者"成功赶上这个 15 年一遇的发射窗口。1998 年 12 月 11 日,"火星气候勘探者"成功发射。又经过 9 个月的漫长旅途,探测器终于飞抵火星。1999 年 9 月 7 日,NASA 控制探测器打开携带的相机,拍摄了它的第一张火星照片(见图 14-4)。因为距离还很远,所以照片拍得非常模糊。未曾想,这居然是它拍摄的唯一一张照片。

按预定程序,"火星气候勘探者"将逐步降低轨道高度、抵近火星,计划最终进入距离火星表面 226km 的轨道,如图 14-5 所示。1999 年 9 月 23 日 09:00:46(UTC 时间),变轨操作后的"火星气候勘探者"飞入火星背面。随后无线电信号中断,与地球失去联系。第二天,探测器依然没有按照预定的计划重新出现。大家等啊等,等得心都碎了,但它从此杳无音信。

图 14-4 "火星气候勘探者"拍摄的火星

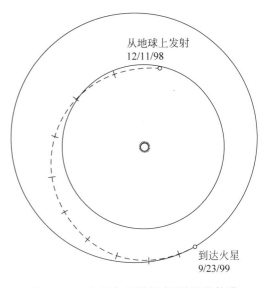

图 14-5 "火星气候勘探者"的预定轨道

根据 NASA 的调查报告,事故原因是洛马公司提供的地面支持软件使用了英制单位,这个软件计算得到的轨道数据将被输入到 NASA 自己研制的控制软件中,而后者使用的是公制单位。这就造成"火星气候勘探者"入轨后,轨道高度仅有 57km,而火星大气层厚度约为 80km,如图 14-6 所示。如此低的轨道导致"火星气候勘探者"变轨后很快就撞上火星。仅仅因为搞错一个单位,直接经济损失就达到 3.4 亿美元,这还不算浪费掉的 15 年一次的探测窗口,多少科学家和工程师的心血化为乌有。事后

NASA宣布所有相关部门要统一采用公制体系,对软件的数据接口格式要特别检查。

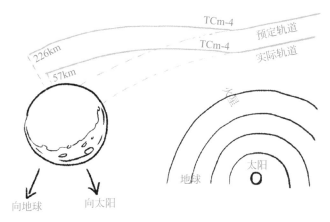

图 14-6 "火星气候勘探者"的预定轨道和实际轨道

洛马公司犯的错误还不止这一次。2003 年 9 月 6 日,在洛马公司的车间,即将研制完成的 NOAA-N-Prime 高级气象卫星正在试验。本来这颗卫星处于垂直状态,就是如图 14-7 所示的这个状态。

后续试验中,交接班的工程师需要旋转卫星到水平位置做试验。没想到一操作转台,卫星直接"拍"到了地上,真的是结结实实"砸"在地板上。可以看看现场照片(见图 14-8),真为当时现场的工程师着急,他们该怎么向老板汇报?

事后 NASA 和 NOAA(美国国家海洋大气局)成立了联合调查委员会,调查如此诡异的事件。调查报告指出[4],原因简单到"令人发指",一名工程师把固定卫星的 24 个螺栓给拧掉了,但忘记按规定记录在案。随后接班工作的另一组工程师也没按规章检查螺栓固定情况,直接操作转动承载

图 14-7 建造中的 NOAA-N-Prime 高级气象卫星

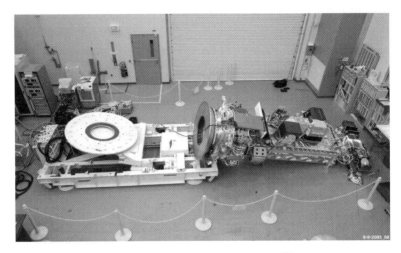

图 14-8　卫星"砸"地板事故现场[3]

着卫星的支架。接下来就是"咣"的一声,卫星砸在了地板上。好在卫星在地面,能维修,但是直接经济损失也达到 1.35 亿美元。这起低级人为失误导致的重大事故距离 1998 年恰好过了 15 年,火星距离地球又非常近了,难道洛马公司受到了火星的某种影响?

　　不只是工程师会犯错,精挑细选、心理素质优于常人的航天员也一样会犯错。1965 年,美国的"双子座 4 号"飞船在轨期间,航天员先是开错了信标开关,后来又开错了姿态和轨道控制发动机开关,造成飞船翻滚,非常危险,好在最后顺利返回地面。1977 年,苏联"联盟 26 号"飞船和"礼炮 6 号"空间站对接后,航天员罗曼年科(Romanenko)和格列奇科(Grechko)准备出舱进行太空行走,检查空间站可能的损伤。罗曼年科被窗外的宇宙奇观异景吸引,忘了自己还没系上安全绳,推了一把舱壁就准备飞出去。千钧一发之际,格列奇科一把抓住他,救了罗曼年科一命。美国航天飞机的飞行次数非常多,在多次太空行走中,航天员丢了各种奇怪的东西,大到重达 13kg、价值 10 万美元的工具包,小到一只手套、一把刮刀、一个针头钳,甚至还有一台摄像机。这些东西都成为太空垃圾,绕着地球旋转,多数都会慢慢坠入大气层后烧毁,但是由于速度极快,也会给航天器安全带来不少隐患。

14.3 "墨菲定律"的诅咒

要说航天工程师们最害怕的一条定律,恐怕就是"墨菲定律"了。航天人常常会把"墨菲定律"挂在嘴边。

"墨菲定律"的大意是,"如果某事可能会出错,就一定会出错。"这个定律来源于美国爱德华兹空军基地的上尉工程师墨菲。

1949 年,墨菲和他的上司斯塔普少校进行了一次火箭减速超重试验,试验中因仪器失灵发生了事故。分析事故的原因时,墨菲发现是由于一名技术人员将测量仪表装反了。结合多年的工作经验和教训,经过认真思考,墨菲总结到:"如果做某项工作有多种方法,其中有一种方法会导致事故,那么一定会有人按这种方法去做。"事后的一次记者招待会上,斯塔普将其命名为"墨菲定律",并以极为简洁的方式进行了重新表述。

"墨菲定律"揭示了一种独特的社会及自然现象。它告诉人们,在进行某一项工作时,尽管我们采用了各种方法以求避免可能出现的恶果,但实际上坏事情往往最终还是会发生。

14.4 相信人还是机器?

人非圣贤,孰能无过?对于超级复杂又在极为苛刻环境下工作的火箭和航天器,一个小小的错误就可能导致机毁人亡。纵观航天史,技术在不断进步,但许多重大事故中,人为因素都是其中的重要原因。

容易犯错误是人类与生俱来的弱点,所以就应尽可能多地依赖自动化机器。人类司机会因为看到美女而走神,而机器不会。机器可以备份,并且充分测试,这样一来出错的概率就大大降低。"火星气候勘探者"那样的事故已经很少发生了,因为重要的指令都会在执行之前反复检查,尽可能由模拟器仿真后才实际执行。在管理制度方面,各国航天部门也都采取了一些有趣的措施。例如,人犯错误往往是由于疲劳,所以就规定重要的试验不允许在深夜人最疲劳时进行。据说某国航天局还规定重要的会议

183

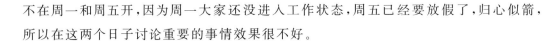

不在周一和周五开,因为周一大家还没进入工作状态,周五已经要放假了,归心似箭,所以在这两个日子讨论重要的事情效果很不好。

　　系统足够复杂,参与的人足够多后,就很难逃脱"墨菲定律"的惩罚。这并不是说我们就无能为力,只能听天由命了。只要对风险有足够的重视,充分认识到偶然中总有必然,完全可以采取防范措施,避免事故重复发生。事实上,经过上述惨痛的事故,世界各国航天界学到了很多教训,也采取了许多措施来避免人为失误。

参考文献

[1] Ariane 5[EB/OL]. https://en. wikipedia. org/wiki/Ariane_5.

[2] File：Ariane 501 Fallout Zone[EB/OL]. https://commons. wikimedia. org/wiki/File：Ariane_501_Fallout_Zone. svg.

[3] NOAA-N Prime after falling over during construction[EB/OL]. https://en. wikipedia. org/wiki/NOAA-19.

[4] NASA. NOAA-PRIME Misshap Investigation Final Report[R/OL]. (2014-09-13). https://www. nasa. gov/pdf/65776main_noaa_np_mishap. pdf.

第 15 章 MH370：最神秘的失联和最艰难的搜寻

宇宙并无敌意，然它也并不友善，它只是淡淡无情而已。

——J. H. 霍姆斯（《明智者的宗教观》作者）

15.1 悲剧

这个世界上有许多神秘的事情,MH370 的失联就是其中之一。2014 年 3 月 8 日,载有 239 人的马来西亚航空公司 MH370 航班在从马来西亚吉隆坡飞往北京的途中失联。时至今日,MH370 上到底发生了什么,它究竟坠毁于何处,仍然是一个谜,也许将永远是一个谜。MH370 失联后,包括马来西亚、中国、澳大利亚在内的各方都竭尽全力搜救,努力确定其去向,但成效甚微。

我们在万分同情机上乘客及其家属的同时,也不禁产生出许多疑问:在科技如此发达的今天,连一辆仅仅价值几百元的共享单车都可以精确定位,为什么这样一架价值 2.5 亿美元的波音 777 大型客机竟然会失联?沿途各国,地上有许多民用和军事雷达,天上有各种卫星,为何 MH370 失联后仅仅确定其可能的航向就大费周折?分辨率可以达到 0.1m 的各国军事侦察卫星,为何竟然发现不了体积如此庞大的大型客机?

下面简要回顾这起神秘的失联事件,并尝试回答上述疑问。

15.2 最神秘的失联

如此庞大而且先进的波音 777 客机为何竟然会失联?在大家印象中,民航客机应该是始终与地面保持联系的,事实也的确如此,所以 MH370 的失联才显得非常奇怪。

先介绍一下,在一架民航客机上通常配备有以下通信设备:

- 甚高频(VHF)通信系统;
- 远距离高频(HF)通信系统;
- 卫星通信(SATCOM)系统;
- 飞机通信寻址与报告系统(ACARS);
- 自动相关监视(ADS-B)系统;
- 内话系统;

- 旅客广播系统；
- 座舱话音记录器(黑匣子)。

甚高频通信(VHF)系统是目前民航飞机的主要通信工具，主要用于在飞机起飞、降落或通过受控制空域时机组人员和地面管制人员的双向语音通信，如图 15-1 所示。它的有效作用范围较小，且由于受地球曲率的影响，通信距离会随高度变化，在高度为300m 时通信距离约为 74km。

图 15-1　甚高频通信系统

除了甚高频，还有一种远距离高频(HF)通信系统。它使用和短波广播的频率范围相同的电磁波，利用电离层的反射作用，通信距离可达数千千米。它主要用于飞行中与其他飞机通信以及保持与基地和远方航站的联络。

随着卫星技术的发展，现代民航飞机都安装了卫星通信(SATCOM)系统。飞机通过通信卫星与地面通信，作为甚高频和高频通信系统的必要补充。卫星通信系统的优点主要在于不需要建设庞大的地面网络，只需要几颗卫星就可以覆盖全球，稳定可靠，而且通信费用与距离无关，如图 15-2 所示。如果你平时乘坐飞机时注意观察，会发现有些飞机在背部会鼓起一个大包，那通常就是卫星通信天线。

前面提到的甚高频通信系统和高频通信系统都是语音通信，为地面和空中提供语音通话服务，缺点在于速度慢而且容易出错。随着航空业的迅速发展，需要采用数据通信代替语音通信。这种空地数据通信系统的名字很"高大上"，叫作"数据链"。顾名

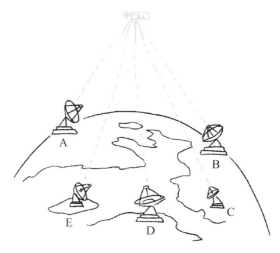

图 15-2 卫星通信原理示意图

思义,数据链就是地面和空中的一条无线电通信链路,通过这条链路可以传递和交换各种信息。所谓的飞机通信寻址与报告系统(ACARS)就是一种工作于甚高频频段的空地数据链通信系统,它是美国 ARINC 公司在 20 世纪 70 年代初开发的,逐步占据了全球市场,成为事实上的国际标准。现代的 ACARS 除了使用地空甚高频通信系统传输数据,也会使用卫星通信。目前 ACARS 系统的卫星通信服务是由国际海事卫星组织(INMARSAT)提供的。图 15-3 所示为 INMARSAT 卫星系统的地面覆盖情况。

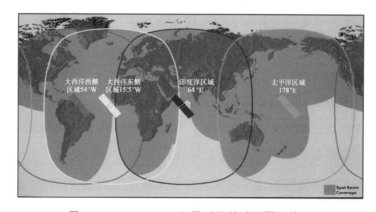

图 15-3 INMARSAT 卫星系统的地面覆盖情况

在二战中发明并得到应用的雷达极大地改变了地面对飞机的探测能力。雷达诞生之前，人们真的是靠望远镜观察来发现敌机。民航系统使用的雷达很特殊，叫作"二次雷达"。雷达通常是利用目标对电磁波的反射或者自身的辐射来发现对方的，叫作"一次雷达"。一次雷达探测的对象一般都是非合作性质的，也就是对方总会想方设法不让你探测到，所以才有了各种飞机隐身技术。民航飞机则不同，它和地面之间完全是合作性质的，双方都希望能够更加便捷地被对方探测到，因此就可以在飞机上通过一台叫作应答机的设备，对地面发出的询问信号作出应答而实现互相识别。这就相当于你妈妈大声喊你回家吃饭，你答应了一声，妈妈就放心了。对于二次雷达，无线电信号实际上只需要单程传输，因此设备所需功率和天线的尺寸都比一次雷达小得多。由于不需要处理微弱的反射信号，系统的复杂性大大降低，所以二次雷达在民航空管系统中得到广泛应用。

　　自动相关监视（ADS-B）系统也是基于数据链技术而产生的。该系统通过飞机上的应答机，将机载导航和定位系统获得的位置、高度、速度、航向等信息，向地面进行广播式数据发送，如图 15-4 所示。空管系统通过该系统的接收设备就可以获得飞机的各种信息，而且设备的造价比二次雷达便宜得多，建设成本只有二次雷达系统的九分之一。

图 15-4　ADS-B 系统原理图[1]

　　内话系统主要是为飞机机组人员之间的交流服务的，音频信号同时传送至座舱话音记录器。

　　旅客广播系统是我们平时乘坐客机时接触最多的，上下飞机时也可以看到空姐座位旁的通话器，机组人员通过这套系统广播各种通告。

　　座舱话音记录器（黑匣子）用于记录飞机着陆之前 30 min（固态记录器能记录 120min）内的机组人员耳机内和驾驶舱内的声音，如图 15-5 所示。记录器共有 4 个录音通道，1 号记录观察员的声音，2 号记录副驾驶的声音，3 号记录机长的声音，4 号记录驾驶舱内的声音。当话音记录器落入水中，水下定位信标就会发射声纳信号。它使用电池供电，电池可持续工作 30 天。

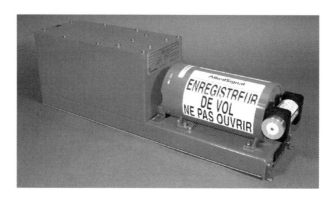

图 15-5　黑匣子[2]

除了上述民航飞机通常安装的几类通信设备之外，波音 777 飞机的发动机还具有间隔自动向地面传输数据的功能，可报告发动机的健康监测数据。这是因为波音公司在发动机上安装了海事卫星数据链，飞机在飞行过程中就可以随时通过卫星向地面发送发动机的相关数据，从而间接地监视飞机的运行状态。但这一服务需要航空公司额外购买。

15.3　为什么会失联？

内话系统、旅客广播系统只能为机上人员服务，并不能为飞机和地面之间的通信联络提供支持；黑匣子只能记录数据，以备事后调查取证使用。概括起来，MH370 在飞行过程中有一套依靠地面通信网络支持的甚高频通信系统，通信距离比较近；还有一套通信距离很远的高频通信系统；同时，飞机的各种飞行参数还通过二次雷达传输给地面空管系统，或者通过 ADS-B 系统向地面广播；除此之外，飞机还可以通过卫星通信系统与地面取得联系。按理说，这么多的通信设备足够保证飞机在遭遇各种紧急情况时，至少有一种手段与地面联络，传递遇险信息、报告位置和请求帮助。

MH370 事件的神秘之处就在于，飞机是在马来西亚和越南领空之间失去联系的，途中也没有遭遇恶劣天气，飞机上的燃料充足，没有发出任何求救信号。民航飞机起飞前,飞行员会和地勤人员一同进行各种检查,满足条件后才被允许起飞。因此,可以确定,在起飞前 MH370 的通信系统都是完好的。

甚高频通信系统和高频无线电通信系统并不能关闭,只要地面呼叫,飞行员总是可以听到。这两种设备就好比对讲机,你只要开机,就能听到对方的呼叫,但如果你不回答,对方也无法确定你是否真的听到了。飞机通信寻址与报告系统(ACARS)在飞行时是可以关闭的;同样,二次雷达和 ADS-B 系统也可以手动关闭。根据波音公司的资料,波音 777 飞机的应答机只需要推动操作台上的一个推杆就可以将其关闭。MH370 在起飞大约 1 小时后,自动应答系统失去联系。

这样一来,地面的呼叫没有得到任何回应,ACARS、ADS-B 系统、二次雷达都没有再收到 MH370 的任何信息,飞机就此失联。此时,只能通过军方的一次雷达主动探测飞机,但也只可能得到飞机的位置、速度等基本信息。

MH370 从吉隆坡起飞后飞至南中国海,而后调转航向,飞往马六甲海峡西侧海域,随后又朝印度洋方向飞去。这段航线涉及多个国家的空域和空管区。按理说,民航飞机体积巨大,而且没有采取任何隐形措施,几乎不可能避开军用警戒雷达的监视。但凑巧的是,MH370 失联的位置恰好在海上。

相比陆上空域,海上空域的雷达覆盖情况要差很多,毕竟对各国来讲,主要的军事威胁还是来于陆地。维持一套高精度、不间断、无死角的雷达对空监视系统不仅技术难度大,费用也不菲。世界上恐怕也只有美国、俄罗斯等国能够做到,而在一些东南亚国家,防空雷达警戒系统并不十分严密。这次 MH370 失联后就非常遗憾地没有被太多军用雷达探测到。

当时印度国防部的一位官员谈到:"印度实际上并没有时时刻刻都开启雷达设备,因为费用太高了"。根据新闻报道,军用雷达只探测到大约在 Penang 岛的西北方向 200 英里处一次可能来自于 MH370 的回波信号,飞机当时的高度是 29 500 英尺。

15.4　最艰难的搜寻

MH370 失联后,各国政府立即组织搜救。麻烦之处在于,根据仅有的雷达数据可以确定,它在失联后仍然飞行了相当长的时间,但具体的航向不明,之前各国已经有许多搜索失事飞机的经验。通常飞机失联后,坠落地点就在附近,因此即使搜索过程可能历经万难,但搜索区域总是基本明确的。MH370失联后不是立即坠毁,航向不明,因此搜救工作的第一个任务就是需要先确定MH370可能的航向,进而确定最终去向,否则一切搜救工作都无从谈起。

虽然科技迅速发展,缩小了地球上的时空距离,地球变成了"地球村",但那只是相对感觉而已。地球70%的面积都是海洋,是一个相当广袤的区域,搜索非常不易。MH370在海上失联,雷达数据表明它拐了一个很大的弯,穿过了马来西亚,向印度洋飞去,之后就再无其他信息了。

此时能够采取的技术措施已经相当有限,主要还得依靠卫星,只有卫星具备对全球的实时监测能力。概括来说,主要有以下手段可以采取:

(1)美国的全球反导系统保持着对全球的不间断实时监测,可以根据失联时间,分析相关数据;

(2)飞机发动机的卫星通信数据链无法关闭,可以利用对该信息的分析得到可能的航向;

(3)如果飞机已经坠海,在近地轨道上有几百颗各种分辨率的光学和雷达遥感卫星,可以利用这些遥感卫星照片搜索飞机踪迹;

(4)依靠海面船只和飞机,携带声纳、搜索雷达等设备,开展搜索。

第一种手段需要调用美国反导卫星系统,该系统的天基系统可以探测火箭、导弹发射后的尾焰。如果MH370在空中爆炸,应该可以探测到。事发后,经美国政府确认,并没有发现MH370有爆炸的迹象。

这样说来,MH370就仍然在空中飞行了很长时间,直至燃料耗尽。无论是用遥感卫星还是飞机,亦或是船只,都需要先大概确定一个搜索范围,否则面对广袤的大海,真是无从着手。这样一来,就只能依靠MH370上安装的卫星通信数据链了。

如果马来西亚航空公司购买了发动机的卫星通信监测服务,MH370根本就不会真正失联,地面总是可以通过该数据确定飞机位置。但马航出于节约经费的考虑,并没有注册该项服务。好在即使没有注册,这套卫星通信系统还是会定期向卫星发送一个链路测试报文，以检测通信是否畅通。而且这个信号发送是自动进行的，无法关闭。

这就好比我们的手机，如果欠费了，自然无法接打电话，但实际上，手机每隔一段时间还是会向基站发送一些由通信协议约定好的数据。移动通信服务网络首先要知道这部手机在哪个基站的服务范围内，并获得一些基本信息，然后才能知道是否欠费，并在你补交费用后立即恢复通信服务。工程师常常把这类信号叫作"心跳"数据，这时软硬件需要协同工作，保持通信的双方都必须知道对方还"活着"，然后才能进行后续的任务。

15.5 如何确定航向？

那么任务非常明确，就是要确定 MH370 在失联后的连续位置，至少是大概的飞行方向。已知条件是准确的失联时间和位置，以及雷达观测到的可信度较高的信息——MH370 穿越了马来西亚。当然还知道 MH370 的最大航速、剩余的燃料，当时的天气情况、风速、洋流等辅助信息。只靠上述这些信息显然不能确定飞机的航向，因为理论上飞机可以从失联位置向任何方向飞行。

虽然不能确定航向，但首先可以做的是排除一些区域。例如，至少中国自己的雷达并没有探测到 MH370，越南等周边其他国家的雷达也没有任何数据，所以可以肯定飞机没有继续沿预定航线向中国飞去，也没有向越南方向飞行。这也就进一步印证了MH370 掉头穿越马来西亚的信息。

根据失联前的航线和雷达观测数据，推测 MH370 的后续航线如图 15-6 中的实线箭头所示[1]。

再进一步确定航向就需要用到刚才提到的、关键的飞机发动机的海事卫星通信数据了。MH370 飞机发动机通信的目标卫星是海事卫星 Inmarsat 3-F1，它是一颗静止轨道卫星，定轨在赤道上空。所谓静止轨道的意思就是卫星相对地球的位置是固定的。Inmarsat 3-F1 是 1996 年发射的、由洛克希德·马丁公司研制的通信卫星，如图 15-7 所示。

由于 MH370 机载的通信系统都被关闭了，发动机自动发送的、连接海事卫星系统的数据链设备每隔一小时会自动连接一次卫星（也就是所谓的握手信号 Ping）。由于

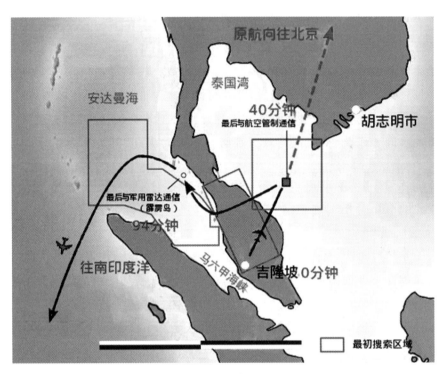

图 15-6　MH370 失踪前的航线

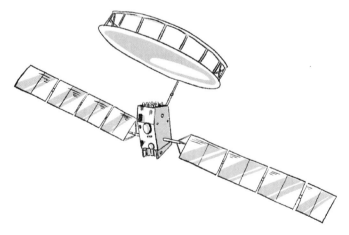

图 15-7　Inmarsat 3-FI 卫星

马来西亚航空公司并没有购买相关的服务，所有信号到海事卫星的信关站（位于澳大利亚珀斯的那个地面站）后自然会被拒绝服务，因此不能建立起有效的数据连接，也无法把发动机的其他详细参数（可能包括位置信息）直接传送回来，不能据此直接获得飞机的位置或者速度信息。

如图 15-8 所示，海事卫星根据 MH370 发出的握手信号，很容易推算出卫星到飞机的距离。由于卫星的位置是确定而且固定的，以卫星为圆心、距离为半径，可以得到一个球，这个球与地球交汇得到的圆就是飞机理论上可能的位置。根据飞机的初始位置，可以判断飞机总不可能瞬间跑到地球另一面去。这样，可以排除其中半个圆，另外半个圆都是有可能的路线。事实上北线的可能性非常小，因为陆地上的雷达数量比海上多太多，几乎不可能不被发现，除非该路线经过的所有国家都在隐瞒事实真相而说谎。

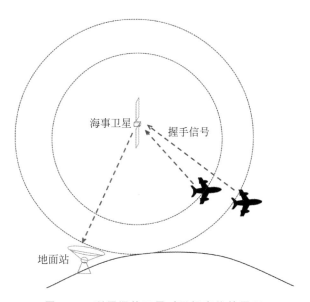

图 15-8　利用通信卫星对目标定位的原理

海事卫星使用 L 频段通信，这个频段的雨衰小，适合在海上使用。悲剧的是，通常其他的移动和电视广播卫星都使用 C 或者 Ku 频段，由于频率不同，该信号不能被其他卫星接收，否则，如果握手信号被其他卫星接收，就可以以另一颗卫星为圆心，再画出一个圆，与前一个圆的交点就是飞机的位置（这其实就非常类似于中国"北斗一代"的双星定位原理）。

MH370 失联后一共发送了 7 次握手信号，据此数据确定出 7 个位置点，就能够大概估计出 MH370 的可能航线，如图 15-9 所示。但仍然无法确定到底是向北还是向南的航线，这时候就该多普勒效应出场了。

图 15-9　依据 7 次握手信号确定的 MH370 的可能航线[3]

多普勒效应是指当观察者和波源之间存在着相对运动时，波的频率会发生改变的现象。观察者与波源互相接近时，波被"压缩"，波长变短，频率变高；互相远离时，波被"拉长"，频率降低。生活中有很多例子，例如当火车向你靠近时，你会感到汽笛声越来越尖利、刺耳；而火车远去时，汽笛的声调越来越低沉。同样道理，当 MH370 向着卫星飞行时，海事卫星接收到的握手信号频率会升高，反之则会降低。

Inmarsat 3-F1 卫星的转发器是透明转发，意思是说卫星的转发器只将接收到的信号放大后向地面传输，由地面站接收并解调，并不做其他特殊处理。

如图 15-10 所示，有如下公式：

$$D（总的多普勒频移）=D_1（飞机速度、方向变化引起的频移）+$$
$$D_2（飞机到卫星的频移）+$$
$$D_3（卫星到地面的频移）$$

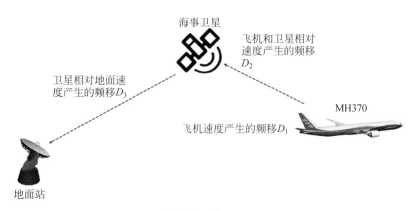

图 15-10 根据多普勒效应定位 MH370

卫星和地面站的位置固定，D_3 可以忽略不计；现在通过握手信号得到 D，也就可以计算出 D_1+D_2。海事卫星公司的工程师根据澳大利亚地面站接收到的信号频率，计算总的多普勒频移，进而测定出由 MH370 运动引起的多普勒频移，最后确定飞机的可能飞行方向。这样做的前提就是卫星地面站已经记录了解调器工作时的接收频率。需要注意的是，飞机所处的是一个三维空间，MH370 向北或者向南飞行，和卫星之间的距离都有可能不断变化，多普勒频率相应地也会产生一系列的变化。这并非一个简单的数学计算就能解决，需要建立一个恰当的模型来仔细分析。

根据海事卫星公司的公开信息，他们的工程师是这样确定 MH370 航向的：

先根据握手信号的时间标记，计算出飞机的初始位置。由于卫星通信的延时较大，所以在信令中一般都会有几个字段用于记录收发的时间，这些数据正常情况下主要用于调试和测试。由于 MH370 发出的握手指令中带有发射信号的时刻信息，卫星接收到以后会先加上自己的收发时间，然后再转发给地面站，地面站同样会记录收发时间。这样，只需要提取出信号实际发送的时刻，再用卫星收到的时间减去该时刻，最后乘以光速，就得到了卫星到 MH370 的距离。具体过程包括以下两个步骤。

（1）根据 MH370 和卫星之间一共 7 次的握手信号，按照多普勒频率，得到一个 MH370 飞行过程中的频率变化模型，如图 15-11 所示；

（2）与其他 6 架实际飞行的波音 777 飞机的飞行数据进行比对，发现 MH370 的观测数据与向南航线匹配度极高，如图 15-12 所示。

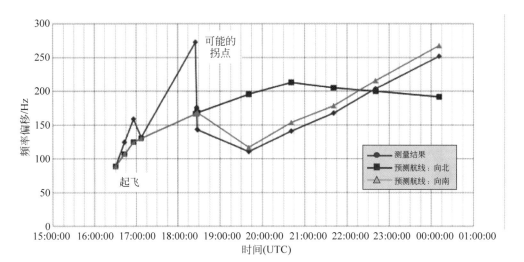

图 15-11　根据卫星握手信号预测 MH370 航线 [1]

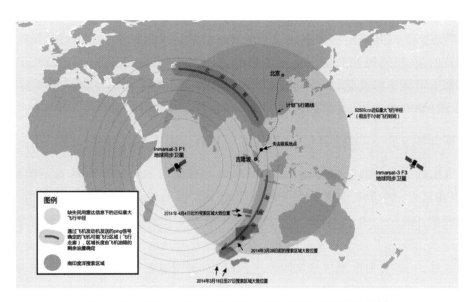

图 15-12　根据多普勒效应最后确定的 MH370 可能航线 [1]

　　加上前面的分析,如果 MH370 向北飞行的话,不可能躲过各国的雷达监视。因此,最后得到结论:MH370 向南印度洋飞去了。

15.6 知道了航向，为何仍然找不到？

一架波音 777 客机长 63.73m，高 18.51m，翼展 60.93m，的确是一个庞然大物。在近地轨道上运行着许多对地观测遥感卫星，这些遥感卫星多数用于军事侦察，它们不仅数量庞大，几乎占所有人造卫星总数的三分之一，而且分辨率很高。例如，美国的"锁眼"系列侦察卫星中最先进的"锁眼-12"，据估计它的地面分辨率已经可以达到 0.1m，这样的分辨率完全可以用来清点地面的人员数量。地面分辨率为 0.1m 的意思是，地上 0.1m 大小的一个目标在卫星图像上对应着 1 像素。如果需要辨识地面目标的具体特征，例如究竟是一辆什么型号的汽车，需要的尺寸要比地面分辨率再大一点，通常可以对 5～6 倍于地面分辨率尺寸的目标进行识别。

就算用不上"锁眼-12"这种高大上的遥感卫星，1m 分辨率的遥感卫星遍地都是。按 6 倍分辨率算，那至少可以识别 6m 尺寸的目标。如果只需要检测到其存在，那两三米尺寸的目标肯定逃不过。MH370 体积如此庞大，就算失联，按理说动用遥感卫星还是可以轻松找到的。即使飞机在空中或者坠海后解体，那也不会变成粉末，总会有许多大的碎片漂浮在海面上，通过卫星照片也应该可以很快找到飞机的残骸。

MH370 失联后，中国、美国、澳大利亚等多个国家都调用了自己的遥感卫星对搜索区域拍照，希望能够找到明确的线索。根据媒体报道，中国在 MH370 失联后启动应急机制，紧急调动"海洋""风云""高分"等 4 个型号、近 10 颗卫星开展搜救。这里面分辨率最高的是"高分一号"卫星，地面分辨率达到了 2m，通过"高分一号"卫星先后发现了 3 个疑似漂浮物。美国动用的 GeoEye-1 卫星分辨率达到了 0.41m（见图 15-13），要是真的能够用上"锁眼-12"，那即使海上漂浮的一顶帽子都应该可以看清楚。

遗憾的是，各国的遥感卫星虽然都发现了许多疑似残骸，但最终都被证明并不属于 MH370。这一残酷的现实与多数人头脑中对遥感卫星的认识相差甚远，所以很多人都会质疑为何这么多、这么高分辨率的卫星都不能找到一架波音 777 飞机。

老百姓对侦察卫星的认识往往来自于美国大片。在电影中，侦察卫星似乎是无所不能的，这些卫星就像一颗颗"火眼金睛"，无时无刻不在"盯着"地球，没有任何人、任何东西能够逃出"法眼"。需要时只要一个电话，侦察卫星就可以马上对准你指定的地

图 15-13　GeoEye-1 卫星拍摄的珍珠港[4]

方拍照并把照片发给你。虽然世界各国,特别是几个航天大国,都持续投入巨资研究和发展遥感卫星,但现实和电影中描述的场面完全是天壤之别。

可以简单地把遥感卫星理解成一台在太空中运行的大相机。对于遥感卫星来讲,最重要的技术指标是空间分辨率、时间分辨率和成像幅宽。关于这些指标已经在第 9 章做了介绍,这里再回顾一下。

（1）空间分辨率就是上面所说的地面分辨率,它是指相机能拍得多清楚,也可以理解成家用数码相机的像素。

（2）成像幅宽就好比照片的尺寸,也就是指一次可以拍多大一张照片。由于卫星不断绕着地球转圈,在前进方向自然可以一直拍下去,受到限制的主要是宽度方向,这一点和家庭数码相机不同。

（3）时间分辨率就是指间隔多长时间可以对同一地点再次成像,这有点类似于数码相机的快门速度,但实际上很不一样。由于卫星绕着地球转圈,所以再次回到同一地点上空拍照,需要一个时间间隔。时间分辨率也叫作重访周期。

这三个指标互相制约,不可能同时把三个指标都做得很高。"又想马儿跑得快,又想马儿不吃草"是不可能的。如果想提高空间分辨率,和数码相机一样,一方面得用更多像素的成像元件,也就是 CCD,另一方面,得用更长焦距的镜头。而一旦镜头的焦距长了,视野范围就一定更窄,也就是成像幅宽不可能同时也做得很大。这样,要拍得清楚，就得离目标近一点。

　　类似地，为了获得更高的空间分辨率，卫星的轨道高度就不能太高。大多数遥感卫星都工作在距地面高度七八百千米的近地轨道上，但是这样一来，重访周期就长了。拿这次搜索 MH370 的卫星来讲，"高分一号"卫星包括 2m、16m 两种分辨率的相机。16m 分辨率的相机虽然分辨率较低，但是幅宽能达到 800km，这就对大范围搜索很有利。而且"高分一号"卫星的重访周期为 4 天，紧急时还可以通过变轨和相机侧摆提高时间分辨率，这次"高分一号"卫星在事发第二天就拍摄到了搜索区域的照片。

　　回到 MH370 的搜索工作。由于没有一个确定的区域，需要对一片非常大的区域拍照，需要搜索的面积达到几百万平方千米，只用一颗卫星肯定是不够的，但即使动用多颗卫星，这些卫星又不可能都是高分辨率的。还有一个现实的困难是，对于可见光相机，有云或有雾都会产生遮挡，红外和雷达遥感可以不受影响，但分辨率又很低。

　　光有卫星照片还不够，要从照片中找到目标也不是一件容易的事情。地面收到卫星拍摄的照片后，首先要对照片进行一系列标准化的处理，例如校正成像过程中的几何变形和辐射差异。通俗地说，就是要让照片能够真实反应地面目标本来的尺寸和颜色信息，之后就可以通过计算机自动或者人工目视检测的方法寻找目标。由于卫星照片覆盖地面的范围相当大，分辨率又高，所以每幅卫星照片都很大。

　　如果目标的特征是已知的，那就可以用一些自动化的方法，让计算机自动搜索。例如想找一座红色屋顶的房子，这样的任务计算机可以完成得比较好，至少可以排除其他肯定不是红色的目标。但当背景复杂时，自动分类和识别目标是一件相当困难的事情。

　　由于完全不知道 MH370 最后的状态，也无法让计算机自动识别碎片残骸，这样就只能靠人去看照片了。为了寻找 MH370，美国 Digital Globe 公司把拍摄的部分卫星图像上传到网络，希望广大网友共同参与辨认。这么大的范围，这么多的照片，要在短时间内靠人的肉眼发现目标自然也是一件不容易做到的事。

　　在一块确定的区域寻找一个特征已知的目标很容易，而在一块不确定的区域寻找一个特征也不确定的目标自然是最艰巨的任务。

　　遥感卫星没有发挥太大作用，就无法将搜索范围尽可能地缩小。虽然各国派出了多艘船只和搜索飞机甚至水下潜航器，由于需要搜索的面积太大（见图 15-14），也都没有找到任何明确的证据。搜索困难的原因还在于,印度洋海底的地形极为复杂(见图 15-15),在洋流的作用下,飞机残骸和黑匣子的最终位置可能距离坠海地点很远(见图 15-16),这些因素都给搜索工作造成了极大的障碍。

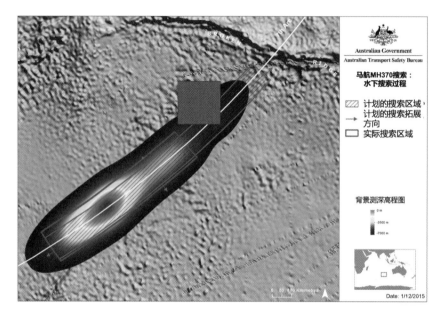

图 15-14　澳大利亚防务科学技术集团绘制的 MH370 的搜索区域热力图[5]

图 15-15　印度洋复杂的海底地形

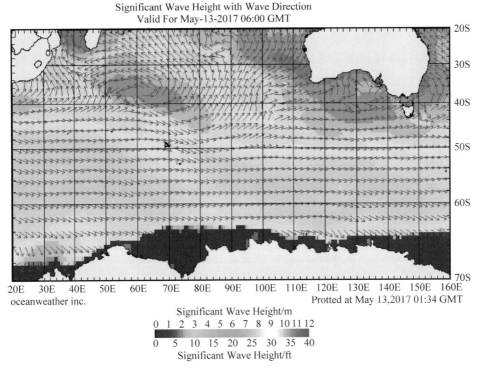

图 15-16 2017 年 5 月 13 日印度洋的洋流预报情况[3]

所有这些因素综合在一起，也许再加上运气差一点，结果就是各国动用了如此巨大的资源，却成效甚微。

15.7 遗憾

2017 年 10 月 3 日，澳大利亚政府正式发布了 MH370 搜索报告，搜索工作正式宣告结束。搜索历时三年，总搜索面积达到 71 万平方千米，对超过 12 万平方千米的海底进行了高精度水下声纳测绘。2018 年 7 月 30 日，马来西亚政府公布了 MH370 最终调查报告。报告长达 822 页，但对于 MH370 失联的真正原因，报告的结论仍是"未能确定"。

搜索工作共花费约 1.45 亿美元，这还不包括中国政府的投入。虽然在东非海岸发现的残骸已经证实来自于 MH370,但是 MH370 失联之迷仍然没有彻底揭开。

如何对航空器持续、可靠地监视和监测是一个全球性的难题。特别是如何在人为故意关闭通信和机载二次雷达的情况下,继续保持监视和监控,这是必须解决的问题。但是建设和维持运行一个覆盖全球的地面雷达网几乎不可能实现,而要让遥感卫星对整个地球都保持实时、高分辨率的持续监测,在短期内也是不可能做到的。

但这并不等于无计可施,毕竟之前民航使用的技术手段主要针对意外的设备故障和恐怖袭击,并没有考虑飞行员故意关闭设备这种非常特殊的情况。MH370 失联事件之后,包括中国国家民航总局在内的多个组织都已经在论证如何采取技术措施,确保不再发生类似的灾难。国际民航组织已经做出规定,"新的航空器必须能够检测到不安全状况,并触发可以远程监控的近实时数据和位置报告系统";此外,还要求航空公司对正常航班每隔 15 分钟追踪一次位置。

MH370 的搜索工作几乎使用了目前世界上最先进的航天、航空、航海技术,但是无情的结果再次提醒我们,在大自然面前,这些技术和人类都仍然是渺小的。对于在这次事件中不幸失去生命的 239 名人类同胞和他们的家人,这样的结果当然是不可接受的,希望历史最终能给他们一个交代,也期待总有一天,这个迷能够真正解开。

参考文献

［1］Automatic Dependent Surveillance Broadcast［EB/OL］. https://en. wikipedia. org/wiki/Automatic_ Dependent_Surveillance-Broadcast.

［2］CVR FDR［EB/OL］. http://www. ntsb. gov/aviation/CVR_FDR. htm.

［3］Assistance to Malaysian Ministry of Transport in support of missing Malaysia Airlines flight MH370 on 7 March 2014 UTC［R/OL］. https://www. atsb. gov. au/publications/investigation_ reports/ 2014/aair/ae-2014-054/.

［4］Geoeye-1［EB/OL］. http://www. godeyes. cn/satellite-165-3-1. html.［2020-12-30］.

［5］Malaysia Airlines Flight 370［EB/OL］. https://en. wikipedia. org/wiki/Malaysia_Airlines_Flight_ 370.

第 16 章　"星坚强"的太空"长征"

临着一切不平常的急难，只有勇敢和坚强才能拯救。

——沙甫慈伯利（英国哲学家）

16.1 引子

　　航天是个高风险的行业,火箭、航天器、发射场、测控等系统非常复杂,任何一个环节或者零件出现问题,都可能导致所有工作打水漂,或者任务效果大打折扣。更要命的是,到天上之后如果火箭或者卫星出现故障,即使技术条件允许,一般也不会去维修,因为这样还需要把人或者维修用的机器人发射上去,耗费的成本还不如发射一颗新的航天器呢。

　　正因为风险高,航天科学家们想出了很多方法来缓解或者规避风险,第一位的措施就是——上保险! 如果航天任务失败,第一个哭的自然是航天工程师,但是保险公司的哭声也绝对晚不了多少。当然,如果是任务执行过程中确实出现问题,保险公司只能四处筹款、准备赔钱,"洗干净脖子等着挨刀",而航天工程师们则哪怕是还有一点点的希望,也一定会不眠不休、竭尽全力地想出各种办法来挽回损失,这不仅仅是为了保险公司的年度财务报表,更因为航天工程师们的责任心,他们把航天器看成是自己的孩子。

　　我国的四大互联网巨头百度、阿里巴巴、腾讯、京东早已完成它们在保险行业的布局,然而在商业航天方面的保险却鲜见报道。事实上,航天刚刚开始起步的时候,保险公司就盯上了这块业务。伦敦劳埃德保险公司是第一个"吃螃蟹"的保险公司,他们为第一颗商业通信卫星"晨鸟号"提供了保险服务。随着航天事业的发展,保险公司提供的保险服务也更加多样化,细分到运输过程、发射场、发射中、卫星在轨、航天员人身安全等多个方面,这给航天企业购买保险带来了不小的困扰。例如2016年9月1日,SpaceX公司的"猎鹰9号"火箭在发射场爆炸,然而保险的条款却只限于风险最大的发射过程,对于在发射场的事故,保险公司可以不赔付。相信在那一刻,SpaceX公司老板马斯克的内心是无比纠结的。

　　在恶劣的太空环境中,大多数情况下,营救行动是没有任何结果的,然而也有很多成功挽救卫星的故事。

16.2　"中星9A"并没有你想象的坚强

2017年,中国航天发射接连出现两次重大失利。开始是使用"长征三号乙"运载火箭发射通信卫星"中星9A",火箭半途出现故障,把这颗价值10亿元人民币的卫星扔到半路;第二次是使用"长征五号"运载火箭发射"实践十八号"卫星,直接把这颗承载着大量中国航天最新技术的试验卫星发射到了海里。一时间舆论哗然,有表示理解的,有表示同情的,也有把矛头指向航天部门内部管理的。

中国社会对中国航天总体来说是很宽容的,但是这依然给航天人带来了很大的压力,不需要舆论批评,连续失败本身就已经让航天工程师们非常难受了。好在没多久传来了坏消息中一个相对好的消息,"中星9A"自己经过长途跋涉,到达了预定轨道。有媒体将这颗卫星称作"星坚强",那么"星坚强"到底经历了什么呢?

这里有必要先介绍一些背景知识。所谓发射航天器的过程,可以简单地分为两个阶段,第一个阶段先用火箭把航天器发射到一个转移轨道,第二个阶段航天器使用自己的推进系统调整到最终的轨道上,然后才能正式开始工作(见图16-1)。航天器需要正常工作到设计寿命结束,这才能算圆满完成任务。所以,每次发射时,一旦宣布火箭成功地把卫星送到转移轨道,就可以看到指挥大厅一群人欢呼雀跃;而同时,另一波人虽然也在鼓掌,却依然神色凝重、一副忧心忡忡的样子。聪明的读者一定已经猜出来,

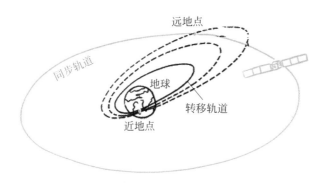

图 16-1　地球同步卫星的转移轨道和同步轨道

图注:火箭将卫星送到椭圆形的转移轨道后,卫星在近地点上做多次轨道机动,直到椭圆轨道的远地点到达同步轨道,卫星再在远地点上做轨道机动,进入圆形的同步轨道。

欢呼雀跃的是负责火箭研发的科研人员,而忧心忡忡的自然是负责航天器研发的工程师们。中国航天是一项分工明确的系统工程,例如运载火箭研制和卫星研制的就是两个独立的组织,我们熟悉的"胖五"("长征五号"运载火箭)和"神舟"载人飞船就是由两个不同的单位负责研制的。卫星研制单位的工程师往往在这一点上特别羡慕火箭研制单位,因为在火箭发射当天,火箭工程师们就可以回家庆功了,而卫星研发团队想要功德圆满地喝上"庆功汤",那可得等到卫星寿命正常结束的那一天了。

言归正传。通过前面的讨论我们可以看出,在卫星进入最终轨道之前,有可能因为火箭的问题或卫星自己的推进系统问题,导致卫星无法进入最终的轨道。"中星9A"就是前一种情况。"中星9A"是一颗通信卫星,轨道高度应该是 36 000km。按照设计,它的转移轨道是一个近地点距离地球 200km 左右、远地点距离地球 36 000km 的椭圆形轨道。然而,由于火箭出现了故障,把卫星遗弃到了远地点为 16 000km 的轨道。这时候卫星就只能靠自己从 16 000km 的轨道高度"爬"到 36 000km 了。但是"星坚强"并没有表面看起来的那么坚强,由于这次火箭的故障,悲观地估计这个设计寿命为 15 年的长寿卫星,可能最多只能坚持工作 5 年。失去的那 10 年生命,可以说是在卫星自己跋涉到轨道的途中燃烧掉了。

为什么卫星自己提升轨道会严重影响寿命呢?这得从卫星的"燃料"说起。前文曾经提过,卫星在太空中运动是不需要任何能量的,理想状态下,它会按照所在的轨道一直运行下去,直到附加一个力来改变它的轨道。然而,在太空中由于稀薄的大气层、月球引力、地球不规则的形状等多种因素的影响,卫星会慢慢地偏离原先的轨道。例如静止轨道卫星可能就无法相对地面静止,而是变成同步轨道卫星,在地面画"8"字了(见图 16-2)。如果此时你想使用天线接收电视信号,有可能会对不准卫星,导致信号不够稳定。为了避免这个问题,需要定期给卫星施加一个力,让它回到原有的轨道上,而这个力就得依靠卫星自身的"燃料"——推进剂来实现了。卫星发射的时候,工程师们会根据卫星的设计寿命,计算好需要携带的推进剂容量,这样,卫星就能够在寿命时间范围内保持预定轨道。然而推进剂是有限的,因为推进剂会增加卫星的重量,从而增加发射成本,所以工程师计算推进剂的时候,尽管会多预留一些推进剂,以备不时之需,但是也不可能备用太多。也就是说,如果一切正常,当卫星寿命结束的那一天,卫星的推进剂可能也就用得差不多了。因此,对于"中星9A"而言,由于火箭的故障,卫星只能使用本应当用于轨道保持的推进剂来提升轨道,导致卫星的元器件寿命未到时,由于推进剂提前消耗殆尽,卫星将无法继续保持在原有轨道为我们工作。

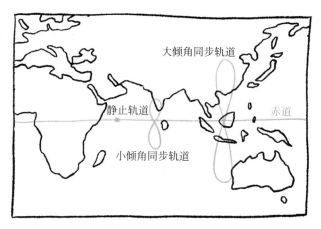

图 16-2　同步轨道卫星的星下点轨迹

所以严格意义上讲,"中星9A"进入预定轨道其实还算不上一个完美的逆袭。当然,结合当时的背景,中国航天接连两次遭受发射不顺利的挫折,这次补救成功的消息可以说是来得非常及时了。

16.3　美国版"星坚强"

下面说的另一个故事的结局就完美得多了,故事的主角就是美国 2010 年发射的"先进极高频卫星 1 号(AHEF-1)",这是一颗军事通信卫星,用于为美军提供持久的加密通信能力。美军共计划发射 6 颗这样的卫星,然而,就在发射第一颗的时候,出事了!

这次不是火箭的问题,"阿特拉斯-5"型运载火箭成功地把卫星送到了转移轨道。在火箭研发团队欢呼庆祝的时候,卫星测控团队开始按计划启动卫星的主推进引擎,这个引擎可以提供 100 磅(约 445N)的推力,将卫星从转移轨道推进到同步轨道主要依靠它。然而,这个引擎运行了一会儿之后自动关机了。此时,这个项目的总指挥戴夫还是比较淡定的,这种小问题在航天系统中并不罕见,于是他下令重新开机,这次主推进引擎的反应比上次快得多：它又自动关机了！

这个时候戴夫知道麻烦大了，这颗价值 17 亿美元核弹都炸不掉的军事卫星几乎完好无损，但是如果"搁浅"在一个毫无用处的轨道上，这相当于 17 亿美元"打了水漂"。怎么办？在问题原因没有弄清楚之前，是绝对不能乱来的。工程师们开始分析问题，很快原因找到了，某个粗心的技术员不小心留了一小块布料在推进器的管道中，把管道堵了。可以说，没有引起爆炸已经是不幸中的万幸了。此时，戴夫绝对不敢下达第三次启动主引擎的命令。

大家一定听说过大夫手术时疏忽，把止血钳留在病人体内的医疗事故。事实上，在航天工程中，因为各种原因把一些奇奇怪怪的小东西留在火箭或者卫星内的情况也一点不少，我们把这种东西叫作多余物。多余物什么都有，包括零件、焊渣、金属屑，甚至还有小动物的粪便。不少惨重的失败就是多余物导致的。1989 年，苏联"和平号"空间站与"量子号"天体物理舱在太空中交会对接时，发现对接面上有多余物，最终导致对接失败。1990 年，欧空局的"阿里安"火箭在发射时爆炸，最后查明原因是工作人员将擦拭布遗留在发动机的循环系统中。

面对可能的失败，技术团队很快冷静了下来。他们不能不冷静，因为他们被关在办公室里，想不出办法就哪儿都去不了。据说，当时外卖小哥只能从办公室门缝里把工程师的一日三餐塞进去，幸好美国人都爱吃披萨，不然宫保鸡丁盖饭可没有那么容易往门缝里塞。当然，在这种情况下，工程师的创造力也开始被激发出来。

主引擎不能用了，但好在 AHEF-1 还有两组引擎，一组是小推力的肼推进引擎，另一组是霍尔推进引擎。事实上，AHEF-1 比"中星 9A"幸运得多，火箭并没有半路把它丢下不管，而是中规中矩地把它送到了预定的轨道，这样卫星携带的推进剂并没有什么损失。也就是说，只要合理利用剩下的两组推进引擎，卫星的寿命是不会因为推进剂浪费而受到影响的。

卫星为什么需要这么多组推进引擎呢？其实道理也很简单，推力大的引擎力气大，但是一般精度相对差一些；推力小的引擎虽然力气小，但是可以达到很高的精度，这样可以满足不同情况的应用需要。一般来讲，先用大推力引擎猛推一把之后，再用小推力引擎逐步校准,这样可以将卫星精确地定位到最终需要的轨道上。

这里有必要提一下霍尔推进引擎,它可以说是当今航天技术中的"黑科技"了。传统的推进引擎一般是通过燃烧剂和氧化剂发生化学反应,简单地说就是通过烧燃料产生大量的高温气体,膨胀的气体通过推进引擎的喷嘴喷出去,产生的反作用力就能推进航天器运动。根据动量守恒定律不难理解,同样重量的推进剂,气体喷出的速度越快,航天器运动的速度也就越快。航天器能携带的推进剂重量是有限的,对于化学能推进引擎而言,在能够承受的情况下,我们希望化学反应越剧烈、产生的气体压力越大越好,因为这样才能让气体以更快的速度喷出去,从而达到携带同等重量的燃料给航天器带来更多推力的目的。对于前面说的通信卫星而言,这些措施让它们能够更长时间地保持在静止轨道上,拥有更长的寿命。肼是一种非常好的燃烧剂,所以卫星的推进引擎中很大一部分使用肼做推进剂。

霍尔推进引擎的基本物理原理和化学能推进引擎是类似的,也是需要将推进剂以尽可能快的速度喷出去。但是它用的方法完全不同,它先用电子流轰击,把推进剂离子化,也就是说把推进剂原子中带负电的电子赶走,只剩下带正电的正离子,然后再用强大的静电场对正离子进行加速,并集中成一个离子束,最终从引擎喷口高速喷射出去。这些离子的速度可以达到 30 多千米/秒(见图 16-3),而化学能推进引擎喷出气体的速度最多也就是 10 多千米/秒,效率差距一目了然。综合来看,氙气离子推进器的效率大约可达到化学能推进引擎的 10 倍。

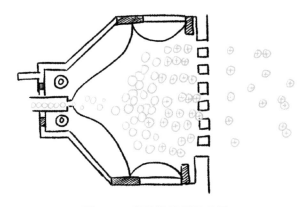

图 16-3 离子推进器原理图

霍尔推进引擎还有一个额外优点,那就是效果特别酷炫(见图 16-4),想感受效果的读者可以把自家厨房灯关掉,然后把燃气灶打着火,竖着拍张照片,基本上就是这个样子。

图 16-4 NASA 2.3kW NSTAR 离子推进器[1]

既然霍尔推进引擎效率那么高,那为什么不淘汰掉所有的化学能推进引擎,换成霍尔推进引擎呢?因为霍尔推进引擎能够产生的推力太小了,它产生的推力相当于一张纸放在你手上给你的压力,这么小的推力无法满足快速改变卫星轨道的需要。但是,由于霍尔推进引擎消耗的推进剂很少,可以持续工作很长时间,这样累加起来产生的推力也是十分可观的。

AHEF-1 的技术团队经过精确的计算,最终决定尽量不使用肼推进引擎,正如前面所说的,化学能引擎的效率相对太低。在绝大部分时间,他们打算依靠霍尔推进引擎产生的纸张那么小的推力,进行 450 多次轨道机动,不断地抬高 AHEF-1 的轨道,让其在太空中跋涉 14 个月,最终达到预定的静止轨道。这会比原计划 3 个月进入预定静止轨道的时间推迟 11 个月,但卫星的寿命依然能够维持 14 年,和原有的设计寿命相比一天不少,这样就绝对可以称得上是美国版的"星坚强"了。

当然这个计划实施起来绝对没有看起来那么简单。首先，AHEF-1 的霍尔推进引擎在设计时并没有考虑长达 14 个月高负荷工作的情况，这对引擎的长期、可靠工作的能力无疑是一个考验。其次，因为 AHEF-1 需要在不属于它的轨道上待上 14 个月，这意味着会占用到上百颗其他卫星的轨道，也就是说，它有出太空"车祸"的危险。如此一来，一方面，工程师们需要小心地避开其他卫星的轨道，另一方面，美国军方还得担负起交通警察的任务，去协调其他卫星，避免发生碰撞。此外，AHEF-1 原本设计的是在静止轨道上工作，也就是说地球上的一天和卫星的一天是一致的，因此它的元器件和设备在设计的时候，没有考虑太阳长时间照射的情况。而在这计划外的太空跋涉过程中，卫星所在的轨道可能会让卫星的某一面很长时间面对着太阳照射，为了避免这一面的设备被"烤糊了"，工程师们需要定期把卫星翻个个儿，让过热的元器件避开阳光而冷却下来。另外，为了保证卫星正常工作，AHEF-1 不得不提前打开它的太阳能帆板，然后撑着太阳能帆板穿过范艾伦辐射带（见图 16-5），这意味着太阳能帆板可能会由于辐射影响寿命。

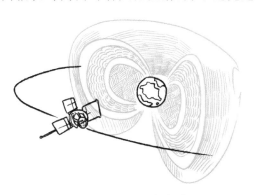

图 16-5 范艾伦辐射带

有读者可能会说，那为什么不在范艾伦辐射带将太阳能帆板重新收起来呢？这个和太阳能帆板展开装置的设计有关。由于太阳能帆板太大，所以必须折叠起来放在火箭中，一方面节约空间，同时也避免火箭发射时的震动损坏帆板。考虑火箭发射时的震动可能很强烈，需要尽可能地将帆板牢固地固定好；而卫星一旦发射到太空中，太阳能帆板展开后，就没有必要收起来了。在这种前提条件下，航天工程师们采用的是一个叫作爆炸螺栓的一次性装置（见图 16-6），爆炸螺栓平时起到的作用和普通螺栓没啥两样，但是它和普通螺栓的主要区别在于，它的中间藏有炸药，在需要的时候引爆炸药，就可以把螺栓炸断，让螺栓失去原有的作用。

卫星在装上火箭之前，将固定太阳能帆板的扭簧压缩，然后使用爆炸螺栓固定好，这样扭簧就无法弹开。到了太空中，引爆爆炸螺栓中的炸药，把螺栓炸开，这样扭簧就驱动帆板展开了（见图 16-7）。

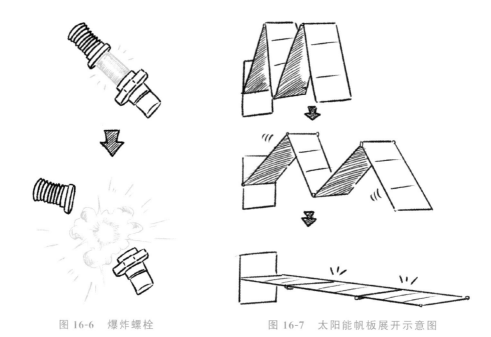

图 16-6　爆炸螺栓　　　　　　　图 16-7　太阳能帆板展开示意图

这种装置设计得非常巧妙,但是也会带来一些风险和问题。由于爆炸是不可逆的,例如 AHEF-1 穿过范艾伦辐射带时,就不能再收起太阳能帆板了。另外,万一有任何一个爆炸螺栓没有引爆,太阳能帆板可能就无法正常展开,就有可能导致整个卫星无法使用。我国在 2006 年 10 月发射的"鑫诺二号"卫星,就是因为太阳能帆板和天线没有能够展开,卫星完全无法工作,损失惨重。大家看到这儿也就能够明白,为什么每次卫星发射,飞行控制中心宣布太阳能帆板成功展开时,大家都会鼓掌庆祝了。

爆炸螺栓的可靠性很难保证,因为爆炸螺栓是没法提前试验的,所以这种"如何保证火柴能划着"的难题摆在了航天工程师的面前。当然,也不是完全没有办法。比如,我们会在尽可能相同的环境下生产很多个一模一样的爆炸螺栓,最终安装在卫星上的可能只是其中的很小一部分。在检验的时候,从同一个批次的爆炸螺栓中抽取一部分进行测试,只有测试全部成功,我们才能够放心大胆地使用这个批次的螺栓。另外,螺栓中间可以安装多处炸药,任何一处爆炸成功,都可以保证螺栓能够炸开。

好了,我们回到 AHEF-1 的故事上来。在工程师们全面评估了"交通"问题、日照过长问题、范艾伦辐射带问题带来的影响之后,他们的计划很快得到了批准。事实上,美国军方和洛克希德·马丁公司都拖不起了,他们必须确认 AHEF-1 的问题已经彻底解决,才敢放心地发射剩下的卫星。好在这个计划非常成功,AHEF-1 顺利进入了同步轨道,并且通过了军方的一系列测试,很快就正式投入工作。

高难度且最终成功的营救行动让因为犯了低级错误而颜面扫地的洛克希德·马丁公司稍微挽回了一些颜面。由于洛克希德·马丁公司的垄断地位和长期以来的声誉,美国军方也没有因此中止所有卫星发射合同,但是惊魂未定的美国军方还是狠狠地给洛克希德·马丁公司开出了 1500 万美元的罚单。当然,有罚也有奖,AHEF-1 的营救团队也得到了 2012 年的年度桂冠奖,这是美国航空航天界的顶级奖项。

16.4 航天人的"逆袭"

航天史上的每一次失败都是人类探索太空的过程中一次极佳的学习机会,而失败中的"逆袭"就是人类在与恶劣的太空环境"肉搏"时发起的反击。反击的过程需要斗智斗勇,在这些残局中,哪怕是走到底线的兵卒,我们也要充分利用。而每一个"逆袭"的故事背后,都有无数航天工作者们不眠不休奋战的身影。正因为不甘心失败,所以不要等下次,我们这次就要成功!

参考文献

[1] Ion_Engine_Test_Firing_-_GPN-2000-000482[EB/OL]. https://upload.wikimedia.org/wikipedia/commons/9/9e/Ion_Engine_Test_Firing_-_GPN-2000-000482.jpg.

第 17 章 深空"求生"记

失败可以导致胜利，
死亡可以导致永生。

——泰戈尔（印度诗人）

17.1　"最成功的失败"

从 1969 年至 1972 年,人类完成了 6 次登月,在这之前不曾有,之后也再没有人类登上月球。这 6 次登月的飞船分别是美国人的"阿波罗 11 号""阿波罗 12 号""阿波罗 14 号""阿波罗 15 号""阿波罗 16 号""阿波罗 17 号"。其中为什么单单跳过了"阿波罗 13 号"? 大家知道,在西方有些写字楼是没有 13 楼的,因为西方人不喜欢 13 这个数字。那么"阿波罗 13 号"是不是因为这个原因跳过了? 答案为:不是! 那么"阿波罗 13 号"任务失败了吗? 这个问题真的不好回答。我们先看两张照片(见图 17-1、图 17-2),其中一张是"阿波罗 13 号"返回地球时飞控中心的照片,另一张是人类乘坐"阿波罗 11 号"首次登月成功的庆祝照片。只看图片,不看标题,能猜出哪个是"阿波罗 11 号"、哪个是"阿波罗 13 号"吗?

图 17-1　"阿波罗 13 号"返回地球时飞控中心的照片[1]

航天任务是高风险的任务,有成功,也有失败,但是很多时候,成功和失败的界线并没有那么清晰。"阿波罗 11 号"登月是人类第一次成功完成登月航天任务,而"阿波罗 13 号"可以说是一个失败的任务,它压根没有能够按计划登上月球,但从图 17-1 和图 17-2 来看,人们喜悦的表情并没有什么区别。

在"阿波罗 13 号"飞船飞往月球的路上液氧罐就爆炸了,那时候飞船距离地球 33 万千米。一开始,飞控中心并没有弄清状况,然而他们很快就意识到,这已经不是能否成功登月的问题,而是如何把三名航天员安全送回地球的问题。

液氧在载人深空探测任务中有三个功能：为航天员提供呼吸用的氧气；为氢氧电池提供燃料；和氢反应产生水，用于维持航天员的生命，反应产生的水同时用于设备的冷却。而爆炸发生之后，项目组成员必须解决几个难题：第一是爆炸导致氧气管道破损，如果继续使用电池，氧气就会接着泄漏和消耗，但是如果不使用电池，用于返回地球的登月舱可能电力不足；第二是由于登月舱使用的不是氢氧电池，所以无法产生足够的水来冷却设备，需要尽可能地关停设备，避免设备温度过高。此外，还有软件的兼容性问题、返回的轨道选择问题、二氧化碳浓度过高问题等。

图 17-2　人类乘坐"阿波罗 11 号"首次
登月成功的庆祝照片[2]

要解决以上这些问题，科研人员需要对飞船的各个部位了如指掌，通过精确的计算，快速做出决策。这些问题带来的困难都被他们逐个迅速且有效地克服了，在各种艰难的抉择过程中，找到了合适的答案。而三名航天员在从爆炸到成功返回地球的三天多时间里，也保持了最优秀的飞行员应有的心理素质，在飞控中心指挥人员的鼓励和镇定药物的辅助作用下，他们沉着、冷静地完成了一系列自救工作，安然返回地面。"阿波罗 13 号"登月的任务目标确实没能实现，但是三名航天员却成功获救且毫发无伤，他们有充足的理由欢呼庆祝。

虽然有惊有险无伤亡，但是"阿波罗 13 号"确确实实是一个失败的任务。而且更有意思的是，"阿波罗 13 号"的发射时间恰好为美国中部时间 13 点 13 分。西方人本来就忌讳数字"13"，这下可就由不得他们不信邪了。美国国家航空航天局的领导们集体患上了"13 恐惧综合症"。这个"病"不是没有后果的，美国航天飞机的飞行任务原本是按照任务顺序编号的，例如第 5 次航天飞机飞行任务的编号为 STS-5，但是到了 STS-9 之后，这个简单、清晰的编号方式却被废除了，原本为 STS-10 的任务编号被修改为 STS-41-B。这么做的原因其实只有一个，就是为了提前避开可怕的数字"13"。

由于"阿波罗13号"的故事具有极强的戏剧性,好莱坞当然不会放过这么好的题材,把这个故事搬上了银幕,狠狠地赚了一票,仅在美国就拿到了3.5亿美元的票房,对故事细节感兴趣的读者可以观看《阿波罗13号》这部影片。这个故事也告诉我们两个道理:第一,远在几十万千米的太空中,任何设备出现了故障,维修难度极高,哪怕是最优秀的人在上面操作;第二,在太空执行任务,出现了问题,我们也并非完全束手无策,事实上我们有很多机会可以扭转败局。

17.2　不死鸟:"隼鸟号"

另一个广为人们传颂的深空救援故事的主角是日本的"隼鸟号",它没有载人,但是故事同样精彩。日本航天的发展战略和我国不同,我国是均衡、系统的发展,而日本的重点发展方向就是深空探测,所以在深空探测方面,我国和日本比起来还是有一定的差距。2012年,我国发射深空探测器"嫦娥二号",拜访了"战神"小行星,这颗小行星当时距地球700万千米。而"隼鸟号"则是于2003年发射,它是在现在看来都非常先进的深空探测器,而它的目标难度也非常高,它要去距离地球2.9亿千米的小行星采集样本后返回地球。"隼鸟号"在太空中飘荡了7年,于2010年6月带着样本舱返回地球,这比原计划(2007年6月)推迟了三年。而到了2010年11月,也就是拿到返回地面的样本舱5个月之后,日本宇宙航空研究开发机构才敢确认样本舱中确实采集到了小行星样本,最主要的任务成功完成。

在"隼鸟号"7年的太空旅行中,遇到的困难曾一度让日本的技术人员绝望。据新闻报道,当时甚至还有人因此去拜神社,祈求神佛保佑。为了处理各种问题和突发状况,日本的工程师们可以说是心力交瘁,"隼鸟号"在"丝川"降落的时候,飞控中心的工程师们已经开始喝带强烈兴奋作用的饮料提神,因为一般的茶水和咖啡已经无法支撑他们坚持下去。而"隼鸟号"本身在靠近地球的时候也已经遍体鳞伤,没有几个零件是完好无损的了。所以,日本人给"隼鸟号"取了一个非常酷炫的绰号——"不死鸟"。

让我们看看"隼鸟号"返回地球时是什么状态:3个姿态控制器坏了两个,只有一个能用;化学燃料发生两次泄漏,推进剂漏了个精光,返程的时候化学推进器完全用不上；11 组电池中有 4 组报废；4 个离子推进器坏了 3 个。看来这是一个有故事的飞行器。那么，在这 7 年的艰苦太空旅行中，"隼鸟号"身上到底发生了什么呢？

17.3　一波三折："隼鸟号"奔往"丝川"小行星之路

其实"隼鸟号"在发射前就不顺利。"隼鸟号"原计划于 2002 年发射，但是用于搭载"隼鸟号"的 M5 运载火箭在 2000 年发射失败，为了彻底查清并解决 M5 运载火箭的问题，"隼鸟号"不得不推迟发射。这样也就错过了访问"海神"小行星的窗口，所以探测的目标也只好改为"丝川"小行星。当时这颗小行星只有一个编号，因为这次探测，它才有了自己的名字，它是用日本运载火箭之父命名的。

正因为 M5 运载火箭在 2000 年的这次发射失败，使得"隼鸟号"不得不改变了探测目标，这导致现在我们能看到的"海神"小行星的照片只能是这样的（见图 17-3），而"丝川"小行星的照片是这样的（见图 17-4）。

图 17-3　"海神"小行星[3]

图 17-4　"丝川"小行星[4]

命运有时候就是这么神奇。

在经历了一系列波折之后，"隼鸟号"在 2003 年 5 月终于乘坐着 M5 运载火箭进入预定的星际航行轨道。它找准了"丝川"小行星的方向，启动了它的 4 个离子推进器，开始了它坎坷的旅程。旅程开始没多久就出事了，离子推进器工作了 4 个月后，编号为 A 的离子推进器由于工作状态不正常而被迫关闭，这是第一个出现故障的离子推进器,当然也不是最后一个。不过这个故障是可以接受的,航天器设计的时候就考虑到了这种情况,因为剩下的 3 个离子推进器足以支持"隼鸟号"正常工作。这种冗余设计的思想在航天器设计中非常有效,如果某种零部件比较容易损坏,那么就多安装几个上去,这样就算坏了一个,剩余的也足以支撑任务顺利完成。

除了推进器之外,卫星上很多地方都用到了这种设计思想,比如陀螺仪。这个陀螺仪是做什么用的呢?其实大家应该不会陌生,因为如今的绝大部分智能手机都安装了这个部件,这个需要感谢智能手机之父乔布斯,是他发布了世界上第一款包含陀螺仪的智能手机(见图 17-5)。陀螺仪能够对手机的偏转角度、速度等进行测量,这样我们就可以用智能手机玩一些有趣的游戏,将手机倾斜为不同的方向和角度,控制游戏视野的变化或者操控游戏中的人物、车辆等。

图 17-5　手机中的陀螺仪

而在卫星上,陀螺仪是用于测量卫星各个方向上偏转的角度,从而推算出卫星的姿态。这个姿态数据对卫星而言非常重要,比如技术人员需要知道军事侦察卫星拍照时的姿态,才能计算出卫星拍摄时对准的是地球上的什么地方。只是陀螺仪的故障率也比较高,例如国际空间站的陀螺仪就发生过故障。2018 年 10 月 5 日,工作了 28 年的"哈勃"空间望远镜的陀螺仪也寿终正寝,"哈勃"空间望远镜暂停了科学观测。

因此,卫星设计的时候,往往会在每个方向上设置多个陀螺仪。一般卫星设计时在纵向、横向和垂直三个方向(正规的说法应该是飞行方向 x、右翼方向 y、地心方向 z)每个方向放 3 个,共放 9 个陀螺仪。这样,只要每个方向还有一个陀螺仪正常工作,就不会影响卫星的运转,这就是冗余设计的威力了。

让我们回到"隼鸟号"的故事上来。离子推进器 A 出故障后不到两个月,也就是 2003 年 10 月末到 11 月初,天公不作美,"隼鸟号"遭遇了太空"风暴"——人类观测史上最大的太阳耀斑爆发,"隼鸟号"的太阳能电池因此受到了不小的损害。之前我们讨论过离子发动机的原理,电能是其主要的能源来源,而太阳能电池效能的降低,就会影响到离子发动机能够产生的推力,这导致"隼鸟号"到达"丝川"的时间从 2005 年 6 月推迟到了 9 月。此时,日本的另一个深空探测器"希望号"火星探测器偏离轨道,于 2003 年 12 月正式宣布任务失败。日本宇宙航空研究开发机构此时压力特别大,有的媒体甚至开始质疑深空探测的意义。"隼鸟号"就是在这样的背景下,载着日本航天工作者的希望飞向目的地。

"隼鸟号"平安无事地在太空中飞行了一年半的时间,于 2005 年 7 月成功地观测到了"丝川"。然而此时"隼鸟号"遇到了第一次严重的危机,航天器的姿态控制器出了问题。姿态控制器和陀螺仪是相互配合的一对组件,陀螺仪用来检测航天器的姿态,而姿态控制器则用于调整航天器的姿态。"隼鸟号"使用的姿态控制器是反作用轮,顾名思义,也就是通过控制飞轮的旋转,以形成反作用力来控制航天器。

"隼鸟号"一共有三个姿态控制器,和陀螺仪类似,也是分别对应 x 轴、y 轴、z 轴,购买的是美国人的产品。2005 年 7 月 31 日和 10 月 2 日,x 轴、y 轴的姿态控制器相继失效,而仅靠剩下的唯一一个姿态控制器,无法推动航天器向各个不同的方向转动。日本工程师们不得不临时修改控制程序,利用推进器和剩下的垂直方向姿态控制器配合来实现姿态控制。好在此时的"隼鸟号"已经不虚此行了,它已经作为"丝川"的卫星,从各个不同的角度拍摄了不少"丝川"的照片传回地球。

17.4 "隼鸟号"深空失联

2005 年 11 月,"隼鸟号"要像真正的猛禽隼鸟捕食那样,俯冲到"丝川"小行星表面,将采样器插入土层中,然后弹出小钢珠,激起地面的尘土,尘土粘附到采样器上,从而实现对小行星物质的采样。这个采样的过程需要完全依靠"隼鸟号"自己自动化完成。因为此时"隼鸟号"距离地球将近 3 亿千米,不难算出,仅信号来回就需要半小时时间,人工参与是不可能的。要知道,通信延迟是深空探测最大的难点之一,所以所有的深空探测器都有设计得非常好的自动驾驶和控制程序来应对深空中的种种危险和突发情况。

11 月 3 日,"隼鸟号"的第一次俯冲尝试失败。由于"丝川"表面复杂的地形,"隼鸟号"并没有能找到俯冲的目标。11 月 9 日,第二、三次俯冲成功,完成了一系列的设备测试工作,并把着陆指示标记投掷到"丝川"表面,选好了着陆地点,为正式采样做好了准备。11 月 12 日,"隼鸟号"第四次俯冲,试图释放"弥涅尔瓦号(Minerva)"机器人到小行星表面,但是失败了。"弥涅尔瓦号"没有能够落在"丝川"表面,而是成为了"丝川"的卫星。

说到"弥涅尔瓦号",这个小机器人的命运也颇为坎坷。它原计划由美国人负责研制,名字叫 Muses-CN,但是在项目研制的关键时候,美国人两手一摊,"我没钱了",于是这个项目面临被中止的命运。但日本的宇航科学家川口淳一郎不肯放弃,他动用自己的人脉和科研经费,最后还是把这个机器人研制出来了,名字改成"弥涅尔瓦号"。但是因为经费的问题,很多元器件用的是民用器件。不过,这次释放失败的主要原因是"隼鸟号",它又一次俯冲偏了。好在"弥涅尔瓦号"本身并没有问题,后来它作为"丝川"的卫星拍了不少照片传回地球。

11 月 19 日,"隼鸟号"第五次俯冲,这次计划正式采样,然而在俯冲的过程中,"隼鸟号"失联了。飞控中心此时完全不知道"隼鸟号"发生了什么,为了安全起见,赶紧向"隼鸟号"发出了暂停任务并升空的指令。恰好此时,通信恢复了,"隼鸟号"收到了指令,回到了小行星上空,并且发给飞控中心这段时间内的工作日志:"隼鸟号"俯冲到距离地面 10m 的地方停了下来,思考了半小时"人生",至于为什么这么做,"隼鸟号"的工作日志没有给出任何解释。随后它降落到了小行星表面,然后就收到了飞控中心的指令,回到了距离小行星 100km 的高空中。但是,在降落的过程中,它并没有启动采样程序,也就是说没有发射小钢珠。"隼鸟号"给出的解释是,它发现地面不平,于是打算放弃此次采样,但是又因为距离地面太近,所以它使用了安全模式着陆。这个过程让日本航天工程师们很纠结。最后,他们认为"隼鸟号"虽然没有启动采样程序、弹出小钢珠,但是很可能在降落的时候,样本盒已经粘上了一些样本,所以他们选择了密封本次降落使用的采样舱。

11月25日,"隼鸟号"第六次俯冲,打算再来一次采样,但是这次"隼鸟号"本身出了问题,它的化学推进器燃料泄漏,喷出的燃料让"隼鸟号"的姿态发生混乱。这对航天器来说是非常致命的,前文提到的日本"希望号"火星探测器最后就是因为姿态出现问题,太阳能帆板无法面向太阳,导致天线供电不足,彻底失去通信能力。除了帆板之外,天线也无法准确地指向地球的方向,影响到通信的信号强度和稳定性,导致地球上只能知道"隼鸟号"确实降落到小行星表面,但是无法接收到"隼鸟号"的工作信息。好在航天器设计的时候,测控往往选择最为稳定的通信通道,数据传输速率虽然慢,但是对天线的指向精度要求不高,因此此时地面还是能够控制"隼鸟号"的。随后"隼鸟号"的软件设计师们很快确定了技术方案,利用离子推进器,一点一点地把天线的指向扭转回来。通信一恢复,"隼鸟号"这次俯冲的工作日志很快传回了地球,人们发现,日志中有一条取消释放小钢珠的命令,也就是说,这次俯冲很可能还是没有采集到样本。

然而,"隼鸟号"已经没有机会第七次俯冲了。12月8日,"隼鸟号"遭遇了它最大的一次危机:推进剂再次泄漏。这次泄漏让"隼鸟号"和地面彻底失联,地面测控人员推断可能泄漏了$8\sim10\text{cm}^3$的推进剂,这导致"隼鸟号"在空中开始翻跟斗。由于彻底失去了和"隼鸟号"的通信,所以技术人员没有任何办法,他们把希望完全寄托在"隼鸟号"的自我修复程序上,这也是"隼鸟号"最先进的技术之一。在监测到卫星姿态不正常后,"隼鸟号"会自动进入保护和恢复模式,停止执行任何其他任务,优先稳定卫星姿态,然后恢复与地面的通信。这里需要提醒读者的是,地面测控人员看不到卫星的样子,所有的状态只能通过一些冰冷的遥测数据来推断,而传输遥测数据必须先建立航天器和地面测控的通信链路。在飞控中心,人们最常盯着的设备之一就是频谱仪,测控的通信链路有信号的时候,频谱仪一般像图 17-6 这样。

但是此时,他们只能看着频谱仪上的背景噪声曲线(见图 17-7)发呆。就这样,他们在巨大的外界压力下等了整整 46 天,终于等到了奇迹。

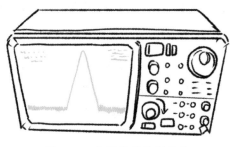

图 17-6　收到信号的频谱仪

图 17-7　背景噪声

2006 年 1 月 23 日,"隼鸟号"与地面恢复导航通信,随后在人工控制下,姿态逐步完全恢复正常,低增益天线和中增益天线相继开始工作(注意,低增益天线虽然增益小,但是波束更宽,对天线指向的精度要求低,所以可以先恢复通信,随后才是中增益天线。但是只有中增益天线恢复了,才能实现对"隼鸟号"的精确测控)。2006 年 3 月 4 日,测控人员终于计算出了"隼鸟号"的精确位置和轨道,此时"隼鸟号"在"丝川"前方 13 000km 处。然而,"隼鸟号"原本定于 2005 年 12 月返航,此时已经错过了返回窗口,不得不在太空中等待下一个窗口再返回地球,这一等就是近 3 年。

雪上加霜的是,"隼鸟号"只剩下约 40kg 离子推进器的燃料,而化学推进剂一点儿不剩。而且由于 40 多天的姿态失控,太阳能帆板无法正常工作,导致搭载的锂电池完全放电,11 组电池中有 4 组报废。笔者没有找到资料明确说明"隼鸟号"锂电池报废和完全放电之间的关系,但是从原理上是说得通的。锂电池完全放电会严重影响电池的寿命,所以使用锂电池的手机和笔记本电脑尽量不要等到完全没有电了再充电,这是有充分的科学依据的。

17.5　"隼鸟号"扬"帆"返航

我们整理下当时的状态。首先,"隼鸟号"仅存的动力系统就是 B、C、D 3 个离子引擎和 40kg 推进剂;其次,"隼鸟号"需要在太空多待 3 年,等待下一个返回地球的窗口;第三,"隼鸟号"的 3 个姿态控制器坏了两个,它只能依赖离子引擎和最后一个姿态控制器来维持;最后,"隼鸟号"要自己飞回家。也就是说,这 40kg 的推进剂既要用作飞回地球的动力来源,还需要在等待窗口的 3 年时间内为航天器保持姿态。这不够用啊!

我们都知道,在蒸汽动力还没有普及的时候,风帆是航海先驱者们使用的最主要的动力来源。风力本质上是运动的空气原子打在风帆上,形成推力。太阳系中也刮着"风",这个风来自太阳。组成阳光的光子没有重量,但是却有动能,源源不断的太阳光击打到太阳帆的表面,也会产生极其微小的力,这就是光压。光压非常小,地球附近 $1km^2$ 面积上的阳光压力总共才 9N,但是由于太空没有任何阻力,任何一点微小的力也会产生作用。2016 年 4 月 12 日,物理学家史蒂芬·霍金公布"突破摄星"项目,计划发射速度达五分之一光速的飞船,而这个飞船就是利用光压在宇宙中飞行。不过,显然太阳光压是无法满足它的需要的,它使用的动能将是高能激光。从霍金的大胆设想中,我们也可以看出,在太空中,光压是相当可观的动力来源。因此,在"隼鸟号"失去了它的"蒸汽机"时,它 $12m^2$ 的太阳能电池帆板可以变成一个太空中的风帆,这个风帆或许在"隼鸟号"返航的动力上帮助并不大,但是通过将风帆调整到一个合适的角度,它可以很好地利用光压辅助"隼鸟号"在三年时间里维持正常的工作姿态,帮助它撑过在太空中苦苦等待的三年时光。

17.6 最后的考验

然而,"隼鸟号"的苦难还没有到尽头,它还需要经过最后一个考验。在等待的过程中,2007 年 4 月 20 日,离子推进器 B 由于工作不稳定而关机,2009 年 11 月 4 日,离子推进器 D 寿终正寝,对于原计划 2005 年 6 月就该返回地球的"隼鸟号"而言,这些离子推进器的工作时间已经远远超出预期。于是,能正常工作的离子推进器只剩下了 C。但是,失去了化学推进器的"隼鸟号"想要返回地球,至少需要两个离子推进器同时工作。也就是说,科学家们必须设法修好 A、B、D 这三个离子推进器中的一个。D 工作时间最长,元器件已经老化,没有修复的希望。而离子推进器 A 和 B 都是因为工作不稳定而关机的,这给修好它们留下了转机,因为"隼鸟号"的离子推进器除了冗余设计之外,还有一个非常牛的设计——交叉备份。

之前我们介绍过离子推进器的原理,就是将原子核周围的电子赶走,剩下的带正电的离子通过电场加速快速地喷射出去,形成推力。但是由于正离子都被喷射出去了,带有负电的电子则会留在推进器中,导致离子推进器在工作一段时间后,会在内部形成一个负电场。我们知道,正电和负电是互相吸引的,这个负电场会严重影响正离子喷射出去的速度和方向,甚至会把喷出去的正离子再吸回来。因此离子推进器还需要有一个叫作中和器的装置,用于将滞留在引擎内的电子通过某种方式采集起来,通过另一个喷口排出。电子流和正离子流汇集在一起,形成一个中性的离子束。同时,通过喷出电子,也可以将引擎内的负电场强度控制在一个合理的水平。

正常情况下,各离子推进器使用的是与自己对应的中和器,但是"隼鸟号"的设计师并不满足于这一点。从图17-8中可以看到"隼鸟号"中和器和离子推进器的安装位置,这8个喷嘴的安装位置非常巧妙,使得每个中和器可以和任意一个离子推进器配合工作,而离子推进器的内部通道的设计同样也支持这一点,这就是前面说到的交叉备份设计。现在这个设计可以发挥作用了。经过项目组检查,虽然离子推进器A和B都不能独自正常工作了,但是离子推进器A对应的中和器A和离子推进器B的离子源却都能够正常工作,于是项目组把它们整合起来。经过测试,这样的组合再加上离子推进器C提供的推力,足以支持"隼鸟号"完成回家的旅程(图17-8给出了中和器Λ和离子推进器B一起工作的情形)。

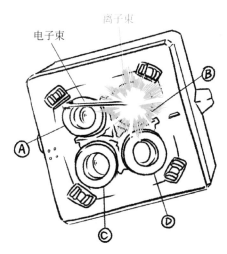

图17-8 离子推进器和中和器的交叉备份设计[5]

17.7 "隼鸟号"回家

2010年6月13日,"隼鸟号"返回地球附近,成功释放了背着的密封舱。这个直径40cm、高20cm的密封舱里面装着可能采集回来的小行星样本。密封舱独自返回地球,并在6月14日被人们找到。5个月之后,日本正式宣布"隼鸟号"成功地带回了小行星的样本。成功释放密封舱后,伤痕累累的"隼鸟号"母船已经完成了所有的历史使命,它是无法返回地球的,只能在大气层中烧为灰烬。"凤凰涅槃,浴火重生",这恰恰是"不死鸟"最好的结局。2014年12月3日,重生的"隼鸟二号"于日本种子岛发射成功,它将演绎航天史上的又一个传奇。

"隼鸟号"项目负责人川口纯一郎在"隼鸟号"烧毁之前,给"隼鸟号"下了最后一个指令,邀请"隼鸟号"转过身来,最后看一眼地球。"隼鸟号"最后拍摄的地球照片在互联网上广为流传,读者们可以扫描图17-9所示的二维码访问官方网站,查看这张照片。除去科学意义之外,"隼鸟号"还成为了商业明星,人们以它的故事为题材,创作出了三部电影和不少感人的漫画作品。当然,商家们也没忘了为技术宅男们准备了"隼鸟号"手办。这么看,"隼鸟号"可以说是世界上最会卖萌和催泪的深空探测器了。

图 17-9　"隼鸟号"向地球告别时最后拍摄的地球照片网址

(请扫描二维码观看,笔者访问时间:2020年1月3日)

通过"隼鸟号"一次次成功地化解各种危机的、九死一生的返回过程,可以看出日本航天的可靠性设计水平绝不容小觑,冗余设计、交叉备份设计与自动恢复技术等都达到了国际一流水平,而在遇到突发故障时团队的抗压能力和应变能力也给世界航天同行们留下了深刻的印象。"隼鸟号"就是这样将一次次的失败扭转为最后的成功。

17.8　在摸爬滚打中成长的深空探测

看完"隼鸟号"的故事,不知道大家是怎样的感觉。也许你会觉得航天器太不靠谱,"要是我的手机老这么'掉链子',我早把厂商投诉一万遍了!"其实,"隼鸟号"是一个非常优秀的航天器。然而,航天器既然是由人造的零件组成的,那每一个零件都存在出问题的可能。由于它们需要在太空连续工作很长时间,随着时间的延长,出问题的概率也就越来越大。也就是说,航天器的复杂性以及航天任务的时间之长,决定了在没有任何保养和维修的情况下,航天器在太空中连续运转几年甚至十几年,在此期间保证它的每个零件都不出任何问题,这是不现实的。

因此,评价一个航天任务是否成功,并不是看中间是否出现问题,而是看任务是否能够圆满完成。人类探索太空,就像一个刚学会走路的婴儿一样,连滚带爬,摔得一把鼻涕一把眼泪,但是如果能够拿到想要的玩具,那么这就是一个好的结果。

事实上,正因为在探索太空的过程中会出现各种问题,所以为了尽可能降低这些问题发生的可能性,航天工作需要非常严谨,严谨得让人难以忍受,这可能也导致了航天系统在某些情况下显得效率低下。然而,在遇到紧急情况时,束缚在人们身上的"枷锁"反而被打开了,他们天马行空,决策高效,想出各种方法后马上行动,在近乎绝望的情况下,成功地实现了"逆袭"。

恰恰是这种严谨的作风,使得航天技术人员对航天任务的技术细节了如指掌,在危急关头能提出令人拍案叫绝的"逆袭"方案;而航天员们的艰苦训练,培养了他们沉着、冷静的性格,因此才能在逆境中处变不惊,把握住那些转瞬即逝的机会。人类探索太空的道路注定不会平坦,然而在逆境中也一定会涌现出能够扭转乾坤的英雄。正因为如此,面对凶险的太空,我们无需畏惧。

参考文献

[1] Mission Control Celebrates - GPN-2000-001313[EB/OL]. https://en. wikipedia. org/wiki/Apollo_13♯/media/File:Mission_Control_Celebrates_-_GPN-2000-001313. jpg.

[2] 40024[EB/OL]. https://history. nasa. gov/ap11ann/ippsphotos/40024. jpg.

[3] 4660 Nereus[EB/OL]. https://en. wikipedia. org/wiki/4660_Nereus.

[4] Schematic view of asteroid（25143）Itokawa[EB/OL]. https://en. wikipedia. org/wiki/25143_Itokawa♯/media/File:Schematic_view_of_asteroid_（25143）_Itokawa. jpg.（本书截取了原图部分内容,并删除了多余标注）

[5] Japan Aerospace Exploration Agency（JAXA）. Restoration of Asteroid Explorer, HAYABUSA's Return Cruise[EB/OL]. JAXA official website. http://global. jaxa. jp/press/2009/11/20091119_hayabusa_e. html.

第18章　谁拯救了"亚洲三号"

一切难以理解的，终将真相大白。

——阿列克谢·列昂诺夫（苏联航天员）

18.1 救卫星救上了法庭

这又是一个卫星被成功拯救的故事,这颗卫星是美国休斯公司研制的"亚洲三号"通信卫星。看过本书其他故事的读者应该不难总结出,这类故事的剧本一般是这样的:

万众期待的某大国卫星即将发射,该卫星具有极高的技术含量,能让某国继续保持某方面领先地位 15 年(此处省略 1000 字)。然而,那群本来只要等发射后 10 小时就可以庆功的家伙又"掉了链子",他们研制的火箭没能把卫星送入预定轨道。负责卫星研制和测控的先生们、女士们,下面就看我们的技(jia)术(ban)能力了!于是,经过 30 天的奋战,又一个"星坚强"出现了,卫星最终成功地凭自己的努力到达了预定轨道。当然,虽然损失了 50% 的寿命,但是这一切都是可以接受的。

按照国内的宣传报道思路来说,或许在这 30 多天的奋战过程中又会涌现出一批不给孩子喂奶的好妈妈或者不管生病母亲的孝子。但是,美国大片的宣传路子可能更对大众的口味。每个人都爱听草根英雄拯救世界的故事,所以有关这颗卫星,不少文章和报道更愿意写到两个"世外高人"——当时根本没有在休斯公司任职的里登尔和贝尔布鲁诺。这些文章和报道都强调,正是这两个人大胆地提出利用月球引力调整卫星的轨道,最终拯救了卫星。

然而事实并没有那么乐观,实际上当这两个人提交了拯救方案,期待着休斯公司的感谢信时,却怅然发现休斯公司否决了他们的方案。随后休斯公司对外发布的信息越来越少,等到休斯公司正式公开拯救方案的时候,他们却发现,拯救方案确实利用了月球引力,但是压根没有提到这两个人的贡献。休斯公司的傲慢让"世外高人"们非常恼火,于是他们找准机会,把休斯公司告上了法庭。

18.2 "亚洲三号"被拯救的经过

那么,到底谁拯救了"亚洲三号"呢?我们先来看看事情的经过。

1997 年平安夜,美国人研制的、为亚太人民服务的"亚洲三号"卫星,乘坐着俄罗斯的"质子"火箭在哈萨克斯坦拜科努尔航天基地升空。这里面的关系确实有点乱，不过这不是重点。按照剧本，俄罗斯的"质子"火箭"掉了链子"，不过这也不是重点。重点在于火箭"掉链子"的时候，卫星所在的轨道和卫星的目标轨道差距有多少。"亚洲三号"是一个静止轨道通信卫星，也就是说在理想情况下，它应该运行在一个轨道倾角为0°、轨道高度为 36 000km 的圆轨道上。"质子"火箭"掉链子"的时候，卫星则被丢在一个轨道倾角约为 51°、近地点高度约为 203km、远地点高度为 36 000km 的转移轨道上[1]。

看了这一大堆数字，还是看不出问题有多严重对吧？那么我们先不用费力看数字，有一群非常狡猾的资本家会帮我们做出判断，他们就是卖保险的。保险公司经过精确的计算和详尽的风险评估才会签署一个保险合同，同样也需要有足够的证据才会支付赔款。当时，由 27 家保险公司组成的财团看了休斯公司的报告，经过专业的评估之后就放弃了希望，乖乖地给受益人、也就是香港的亚洲卫星公司赔了 2 亿美元。随后，亚洲卫星公司在 1999 年又从休斯公司购买并成功发射了"亚洲三号 S"卫星，这是后话。

保险公司完成赔付之后，法律上这颗卫星就属于保险公司了，可是保险公司拿着这颗卫星也没用啊。这时休斯公司又冒出来了：恩，这个，保险老兄，之前我弄错了，这颗卫星还有救。不过救卫星之前先说好啊，如果我们把卫星救回来了，这颗卫星咱们俩家都有份行不行？保险公司也想得很明白，这颗卫星如果救不回来就一文不值啊，于是就欣然同意了。

休斯公司到底想出一个什么办法呢？其实前面已经有了答案。他们确实是利用了月球的引力，但他们没有直接将图中的椭圆轨道转移到静止轨道上，而是从图 18-1 中的距离地球 36 000km 的椭圆转移轨道转移到了距离地球 380 000km 的月球轨道上，然后两次利用月球引力改变轨道之后，最终将卫星的轨道改变成倾角为 8°的地球同步轨道。前文提到过静止轨道通信卫星要求轨道倾角是 0°，但是实际使用的时候，有点偏差是可以接受的，也就是说倾角是 8°的通信卫星已经有商业应用的价值了。休斯公司拥有这颗卫星的产权之后，将这颗卫星重命名为 HGS-1，注意编号是 Hughes GEO Satellite 1（休斯地球静止轨道卫星 1 号）。休斯公司是非常专业的卫星制造企业，但是直到那时，他们才算真正拥有了自己的第一颗卫星。这一点儿也不奇怪，卫星的制造和卫星的运营是两个概念。我们国家也是一样，作为国内最大的卫星制造单位

（没有之一）的中国空间技术研究院，同样在很长的一段时间里都没有自己的卫星。

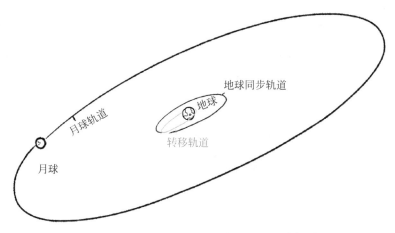

图 18-1　转移轨道、地球同步轨道和月球轨道

事实上，这颗卫星在休斯公司手上还是无法发挥出它的商业价值。1999 年，泛美卫星公司购得该卫星的所有权，新名字叫"泛美 22 号"，开始为太平洋上的船只、油气开采平台等提供海事通信服务。2002 年 7 月，"泛美 22 号"卫星正式退役，结束了它传奇的一生。

18.3 "要命"的 51°轨道倾角

故事的大致经过算是讲完了，但是仔细想来，这个故事疑点太多了。首先，从图 18-1 上看，中间的椭圆转移轨道和同步轨道靠得非常近，而月球轨道呢，是同步轨道半径的 10 倍还要多，跑那么远反而还节约了推进剂，这是怎么回事？ 第二，最近我们国家发射静止轨道通信卫星"中星 9A"的火箭也掉了链子，进入的轨道近地点为 193km、远地点只有 16 000km，这看起来比"亚洲三号"还要糟糕，为啥不用去月球就能把它救回来？ 我们国家的航天水平已经超越美国和俄罗斯了吗？ 另外，休斯公司为啥一开始说失败，然后在保险公司赔付了之后又跳出来说可以救回来，再加上愤怒的里登尔和贝尔布鲁诺的起诉，这背后似乎有着浓浓的阴谋味道。

其实回答这些问题只有一个关键点：轨道倾角。

我们把图 18-1 换一个角度看就可以发现问题了。卫星所滞留的轨道平面和赤道平面的夹角是 51°，而"亚洲三号"是工作在静止轨道的广播电视卫星，它的工作轨道就在地球赤道平面上，也就是 0°。一般情况下，卫星需要先经过若干次轨道提升，提高到目标轨道高度之后，在卫星飞到赤道平面时，把轨道的倾角调整为 0°，这才算进入目标轨道（见图 18-2）。

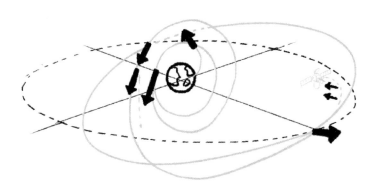

图 18-2 "亚洲三号"的轨道设计

这里有必要先解释下为什么必须要把轨道倾角调整到 0°左右。静止轨道卫星的名字中之所以有"静止"两个字，是因为在理想情况下，静止轨道上的卫星不消耗任何能量就能保证它和地球上任意一点的相对位置保持完全一致。也就是说，这颗卫星不会像太阳、月亮、星星那样东升西落，从地面某个点看这颗卫星，它所在的方位永远是不变的。所以，你只要自己在家里买一个卫星电视天线，初次安装的时候对准某颗广播电视卫星的位置，然后不用调整天线就可以一直收看这颗卫星的节目，直到这颗卫星退役为止。

想要保持静止有两个很重要的条件。第一，卫星围绕地球公转的周期和地球自转周期一模一样，这样地球转时卫星也跟着转，根据开普勒定律，卫星的轨道高度越高，公转周期就越长，那么只要找到一个公转周期恰好等于地球自转周期的轨道高度就行了。经过计算，这个高度大约为 36 000km，这就是我们静止轨道卫星的轨道高度，这一点并不难理解。不过，同学们需要注意啦（敲黑板），静止轨道卫星的周期，也就是地球的自转周期是 23h56min，而不是 24h。因为地球在自转的同时还在公转，所以她在自转完一周之后，还需要再多转一点点，才能把原来的位置重新对准太阳，这多转的一点点时间就是自转周期少掉的 4 分钟了(见图 18-3)。

对于公转的周期和地球自转周期完全一致
的卫星,我们就可以把它叫作地球同步轨道卫
星。但是,这是假的静止轨道卫星。而想要达到
真正的静止,还需要满足第二个条件,那就是卫
星轨道平面必须与地球赤道平面重叠,也就是说
卫星轨道平面与赤道平面的夹角(即轨道倾角)
为 0°。要想理解这一点,又需要用到开普勒定
律,这个定律告诉我们卫星的轨道平面必须通过
地球的质心,也就是说,图 18-4 中的轨道 1 在实
际中是不可能存在的。如果卫星需要正对着地
面的 A 点,卫星只能是在轨道 2 上运行。然而,
由于卫星是不断运动的,当 A 点随着地球自转转

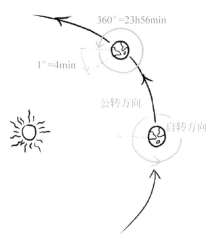

图 18-3　地球自转一周和一天的关系

动到 A₁ 点时,尽管卫星也会随着 A 点转到左侧,但是此时卫星却从 A 点的南方移动
到了 A₁ 点的北方。而如果卫星在赤道平面上的轨道 3 运行的话,就不会出现这个问
题,卫星正下方永远是赤道上的某个点,静止不变。同时,地球上任意一个点看卫星的
位置也是静止不动的。这才是真正的静止轨道卫星。

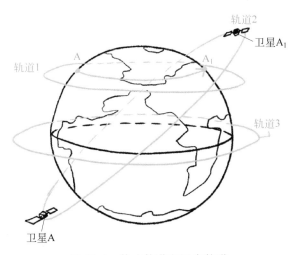

图 18-4　静止轨道和同步轨道

235

辨别方向的小常识

　　如果你在北半球的城市中找不到方向，可以看看周围有没有人家的窗台上架设了卫星天线，天线正对的方向大致就是南方。因为我们知道，天线要接收卫星转播的电视节目，需要正对着卫星的方向，使得信号最强。而电视转播的通信卫星为了让地面用户的天线能够保持一个固定的指向，它们都是在静止轨道上工作的。对于生活在北半球的我们而言，静止轨道卫星都在南方的赤道上空，因此天线的指向自然就应该是南方了。当然，对于南半球来讲，原理是一样的，只是天线朝向变成了北方。

　　说到这儿，我想读者们应该理解这个 0° 的轨道倾角有多重要了。当然在实际应用过程中并不要求绝对的 0°，有一定的轨道倾角会导致信号强度或者覆盖范围受到一些影响，但还是有应用价值的。这也就是"亚洲三号"有 8° 的轨道倾角还能卖出去的原因。然而，如果完全依靠卫星自己，想要改变这个倾角的代价是非常大的。

　　为了让大家对改变轨道倾角的代价有一个概念上的认识，我们需要深入解释一个轨道计算中常用的概念——速度增量。所谓速度增量就是评估航天器变轨需要消耗多少能量的一种常用术语。读者应该不难理解，想要达到同样的速度，不同重量的卫星消耗的推进剂重量是不同的，不同类型的推进器效率也有很大的差别。为了忽略这些因素，专注于评估一个轨道设计方案本身，往往直接拿卫星运动过程中所需的速度增量作为最重要的一个评价轨道优劣的指标。到了具体讨论某颗卫星的时候，再根据速度增量计算出所需的推进剂总量。

　　我做了一个简单的近似计算。同样是 36 000km 高度的圆形轨道，如果需要把它的倾角从 51° 调整到 0°，需要的速度增量为 2.64km/s；如果是调整到 8°，需要的速度增量则是 2.25km/s。而如果采用"奔月"方案来改变轨道倾角，那么对于在近地点为 203km，远地点为 36 000km 的椭圆轨道的卫星，也就是"亚洲三号"滞留的轨道来说，要把它的远地点（轨道中卫星距离地球最远的点）提升到月球轨道的 380 000km，则只需要 0.674km/s 的速度增量。到月球附近，利用月球引力改变完倾角之后，再算上返回地球附近的同步轨道所需的速度增量，也就是 1.348km/s。而在实际轨道设计中，并不需要让航天器自己飞到距离地球 380 000km 的月球旁边，它只需要飞到距离地球约 270 000km 的位置,就可以被月球的引力捕获了,往返月球的时候利用好引力"弹弓",这样消耗的能量则会更少。所以说,虽然看起来月球很远,但是比起改变轨道倾角而言,还真不是个事儿,如果真能利用月球调整轨道倾角,这个生意绝对值得做!

而当时"亚洲三号"面临的现实情况则是,如果不利用月球引力,卫星也能够在耗尽推进剂时勉强到达静止轨道。但由于没有推进剂保持卫星的轨道,这个卫星就会因为引力摄动逐步偏离静止轨道,失去商业价值。这也就是休斯公司认定为发射失败的原因。其实就算最后利用月球引力把卫星救回来了,它也无法满足亚洲卫星公司的使用需要,是没法交付的,所以最后只能用在要求不那么高的海事通信卫星上。所以综合来讲,休斯公司宣布发射失败是没有任何问题的,而这次拯救卫星的过程可以说是"死马当作活马医"的过程。

其实中国的"中星 9A"面临的情况远没有"亚洲三号"那么严峻,因为"中星 9A"被火箭遗弃的时候,倾角只有 25.68°,改变倾角需要的速度增量只有 1.364km/s。在这种情况下,和去月球一趟来回消耗的能量差不多。相比而言,利用月球改变轨道所消耗的时间却更长。实际上,使用常规的方案,"中星 9A"只花了半个多月时间就飞到了预定轨道,而"亚洲三号"则花了两个多月时间,这显然不值得"中星 9A"冒险去月球。

那么,既然改变轨道倾角的代价这么大,"亚洲三号"为什么不直接在发射的时候用更小的轨道倾角呢?这就涉及发射场选址的问题了。前面我们讨论过,图 18-4 中,卫星如果需要经过 A 点的上空,那么它不可能在一个和赤道平行的轨道上。发射场的道理和这个是一样的,在 A 点的发射场同样是不可能直接把卫星送到一个倾角是 0°的轨道上的。但是如果我们把发射场设置在赤道上,这个问题就迎刃而解了。也就是说,位于赤道的发射场可以朝任何一个方向发射卫星(见图 18-5)。另外,赤道还有一个好处,因为地球自转的线速度在赤道是最快的,可以达到 0.464km/s,所以,如果朝地球自转方向、也就是朝东发射卫星的话,还可以节约不

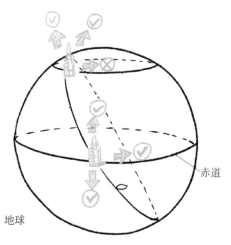

图 18-5　赤道上发射场的优势

少能量。

    然后我们再看看这两颗卫星的发射基地。"亚洲三号"是在哈萨克斯坦的拜科努尔航天中心发射的,该基地位于北纬46°;而发射"中星9A"的西昌卫星发射中心则位于北纬28°。这么看两颗卫星的倾角就非常容易解释了,拜科努尔航天中心的纬度太高,根本无法直接发射小倾角的卫星;而西昌纬度低,所以"中星9A"比"亚洲三号"也就幸运得多了。我国最新建设的海南文昌卫星发射中心位于北纬18°,发射静止轨道通信卫星时优势更加明显(见图18-6)。随着文昌这个低纬度的航天器发射场的建立,其实"亚洲三号"这种改变轨道倾角的方式,对我国而言就没啥实用的意义了。另外,之所以可以选择一个靠海的火箭发射基地,那是因为我们国家的海上力量足以保证发射的安全。小伙伴们一起为祖国强大的海军欢呼吧!

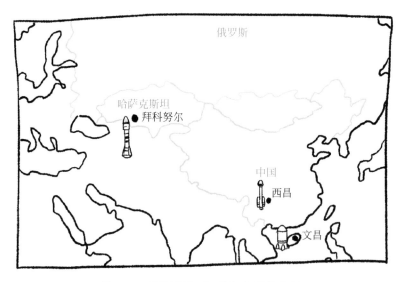

图18-6 拜科努尔、西昌和文昌的位置

18.4 能量不够? 月亮来"凑"

    让我们回到"亚洲三号"的拯救过程上来。有了前面讨论的基础,后面的故事就不难看明白了。"'亚洲三号'能够救回来的关键在于利用了月球引力。"参与了"亚洲三号"救援的前休斯公司员工奥坎波(Ocampo)是这么认为的。我们也知道,和讨论深空探测时提到的利用引力"弹弓"加速和减速不同,"亚洲三号"利用月球引力的主要目的是改变轨道倾角。那么这到底是一个怎样的过程呢?

月球也是地球的卫星,也就是说月球轨道和人造卫星轨道一样也是有倾角的,这个倾角会按照 6793.5 天的周期在 18.5° 和 28.5° 之间变化。但是无论怎么变化,月球每绕地球一圈,一定有两次会运动到地球的赤道平面。这两次的时间点就是关键,如果能够合理地控制好卫星轨道,当月球在赤道平面附近时,让卫星恰好也运动到月球附近,卫星就能够被月球引力带到赤道平面上。随后控制好角度和速度,再脱离月球引力回到地球,轨道平面就能够成功调整过来了。

打一个容易理解的比方。如果向空中抛一个石子之后需要改变石子的运动方向,在刚出手的时候,石子速度快,要想改变方向比较麻烦,但是等到石子快到最高点的时候,那就只需要轻轻拨动一下,就可以很轻松地改变方向了,如果这个时候有一个球拍再帮忙拍一下,那需要花的力气就更少了。月球在这里起到的主要就是球拍的作用。

当然,实际操作的时候并没有那么简单。因为这里涉及三个平面:赤道平面、月球轨道平面和卫星轨道平面(见图 18-7)。我们并不能保证这三个平面恰好交于一点。这也就是"亚洲三号"为什么需要两次奔月的原因之一。"亚洲三号"于 1998 年 4 月 10 日开始第一次变轨,5 月 13 日第一次奔月,但是这次并没有赶上月球在赤道平面附近,

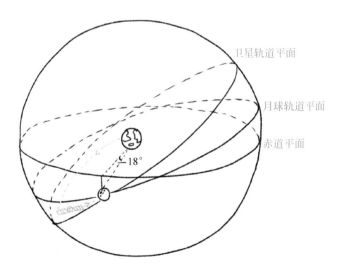

图 18-7 赤道平面、月球轨道平面和卫星轨道平面

239

此时月球所在位置与赤道平面之间有较大的夹角,所以这次卫星的轨道倾角只能从51°调整到18°。考虑到卫星轨道高度已经调整到月球轨道附近了,所以不需要消耗什么能量,卫星就可以再来一次奔月。这次"亚洲三号"于6月6日掠过月球,轨道的倾角调整到了8°。根据休斯公司工程师的计算,后续卫星的轨道会由于太阳引力和月球引力的摄动影响,自动在10年内慢慢调整到0°。遗憾的是,最后由于电池等部件的故障,"亚洲三号"并没有真正工作到那一天。

这里还有一个有趣的小插曲。休斯公司在4月10日开始第一次变轨的前一天,也就是4月9日,就急不可耐地跑到美国专利局申请了第一个专利[2]。一旦决定开始第二次奔月,立马于5月15日提交了第二个专利申请[3]。我推断当时休斯公司这么着急申请专利的原因,主要是为了对付他们的老对手——洛马公司。从这儿也可以看到美国人的知识产权保护意识。

> 霍华德·休斯是美国人心目中的英雄人物,他虽然不是休斯公司的创始人,但是他让休斯公司成为全美国乃至全世界家喻户晓的企业。霍华德·休斯的身份很多,包括好莱坞制片人、飞行员、航空工程师、美国第一个亿万富翁、钢铁侠。你没有看错,钢铁侠的原型就是休斯。休斯多次驾驶着自己设计的飞机创造世界纪录,而钢铁侠则穿着自己设计的战甲拯救世界。休斯曾经拒绝出庭商业诉讼而放弃环球航空公司的控股权,而钢铁侠则把公司的运作完全丢给了女朋友……在休斯取得了一系列轰动世界的成就之后,休斯公司开始投入航天事业,设计了人类第一颗同步轨道卫星和第一艘登月探测器。如今,美国三大航天企业为波音、洛马和劳拉。但在已过去的20世纪,波音公司并不具备成熟的卫星制造能力。2000年,波音公司下决心将休斯公司的卫星制造业务收购,这使得波音公司具备了能够与洛马公司对抗的卫星制造加卫星发射"一站式"服务能力。这足以看出休斯公司在卫星制造方面的实力。

18.5 争议的关键:如何奔往月球

好了,我们已经弄明白了改变轨道倾角的传统方案以及利用月球改变倾角的方案的原理,而下面的问题则是导致休斯公司和里登尔、贝尔布鲁诺产生争议的主要原因:

怎样飞往月球。正因为里登尔向休斯公司提出的方案,使得"亚洲三号"奔月有了两种选择。一种叫作霍曼转移,是非常传统的奔月方式,例如我们国家的"嫦娥"使用的就是这种轨道;另一种则是贝尔布鲁诺的得意之作,基于弱稳定边界的弹道捕获轨道。

想了解霍曼转移,得回到 19 世纪末、20 世纪初,虽然那个时候人类还不具备发射火箭、探索太空的能力,但是科幻小说家们已经非常活跃地在虚构的世界中思考这种可能了。德国哲学家、历史学家、科幻小说家库尔德·拉斯维茨在 1897 年发表了科幻小说《在两个行星上》,这篇风格颇"硬"的科幻小说认真地讨论了访问火星的可行性,也提到了地球飞往火星的轨道的一些想法。这篇小说吸引了另一位牛人的注意,他就是结构工程师奥尔特·霍曼。你没看错,当时他还不是真正的航天科学家,提出霍曼转移时,他刚刚拿到博士学位 5 年而已。他的专业是结构和材料,和航天器轨道设计关系并不大,但他热爱天体力学,平时没事就算算天体的轨道。于是,他就凭借自己的兴趣爱好,推导出了目前应用最为普遍的航天器轨道机动方式"霍曼转移"。霍曼转移在 1925 年正式发表,比人类首次发射航天飞行器提前了 32 年。所以,你要说霍曼博士不是穿越回去的人物,我是不相信的。霍曼博士非常厌恶战争,随着德国的纳粹势力越来越强大,霍曼反而尽可能地远离了任何和火箭相关的项目,也没有参与德国战略武器 V2 火箭的研发。遗憾的是,1945 年底,二战刚结束,霍曼博士就去世了,没有能够看到人类真正奔赴太空的那一天。

那么霍曼转移到底是怎样进行的呢?霍曼转移原本是考虑在同一个平面内,在一大一小两个不同半径的圆形轨道之间转移时,能量消耗最小的方式。我们先看看最简单、"粗暴"的方式:第一次轨道机动改变航天器的运动方向,直接从低轨道往高轨道飞;第二次改变航天器运动方向,进入高轨道(见图 18-8)。不难想象,这样消耗的能量非常多,因为第二次变轨需要消耗一部分能量,抵消掉第一次变轨产生的速度。

而霍曼提出的方式则没有任何多余的能量损耗。这种方式也需要两次加速(见图 18-9):第一次加速是沿着运动的切线方向加速,根据开普勒定律,航天器的轨道会变成一个椭圆轨道,加速的力气越大,椭圆的远地点就越远。但是不管加速的力气多大,只要还在地球引力的控制范围内,航天器轨道还是会经过加速时所在的位置,这个位置就是新的椭圆轨道的近地点。打个不太确切的比方,这就像把石子竖直往天上抛,你越使劲,石子就会飞得越高,但是另一方面呢,不管你使多大劲,石子最终还会回

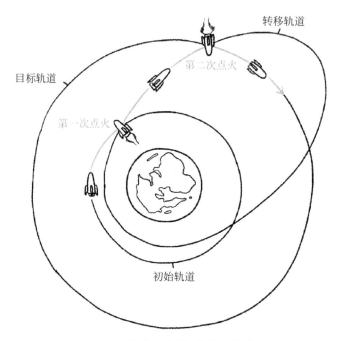

图 18-8　简单、"粗暴"的转移轨道

到原来的位置,道理是类似的。

通过计算,我们可以得出第一次加速之后远地点的高度。而霍曼使用的方法就是,加速的时候恰好让远地点高度和大圆轨道的高度一致,然后在远地点处第二次加速。在远地点加速同样不会让轨道离开加速的那个点,而是提升近地点的高度,如果加速的力度合适的话,就可以让近地点的高度和远地点高度一样,这样也就使椭圆轨道变成一个更大的圆形轨道。假如要从大圆轨道变成小圆轨道,该怎么办呢?很简单,把这个过程反过来,把加速动作变成减速动作就行了。

霍曼转移非常简单、实用,现在几乎所有高

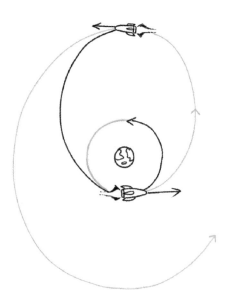

图 18-9　霍曼转移轨道

轨道的卫星都是使用霍曼转移从一个靠近地球的轨道，转移到更高的轨道上去。不过霍曼变轨是一种理想的状态，只能尽可能地接近，但是不可能完全达到。原因就在于，霍曼博士计算时，他认为两次加速的速度增量是在瞬间产生的。事实上，这样的推进器在现实中不可能产生。为了尽可能地模拟这个过程，减少推进器工作的时间，一方面，需要在设计时考虑到这个需求，让推进器在单位时间内产生尽可能大的推力，另一方面，通常不会一次性地把轨道提升到目标轨道高度，而是多次进行加速，这样减少每次加速所需要的时间，让变轨的过程尽可能地逼近理想状态下的霍曼转移，减少能量的消耗。所以在图18-2中可以看到，航天器需要绕很多个圈才能到目标轨道，就是这个道理。此外需要补充说明，我们之前了解的等离子推进器是不能考虑使用霍曼转移的方式计算的，因为它的推力太小，因此不可能在短时间内产生足够的速度增量。

除了在两个正圆轨道之间转移之外，霍曼转移还可以不断地提升轨道的远地点。具体的操作也很简单，每次加速都在航天器轨道的近地点进行就行了。这种轨道机动也非常有用，可以通过不断进行这种操作，直到航天器飞到轨道的远地点处时被月球的引力捕获，这就构成了一个典型的奔月轨道机动。虽然在奔月的轨道设计中，使用霍曼转移效果并不一定最优，但是由于霍曼转移技术最为成熟、稳定，所以它还是最常用的一种奔月轨道设计方案。"阿波罗"和"嫦娥"在奔月时都应用了霍曼转移。图18-10是"嫦娥一号"奔月的过程。可以看出，一开始"她"利用霍曼转移不断提升绕地轨道的远地点高度，被月球引力捕获之后，再利用霍曼转移不断降低绕月轨道高度。

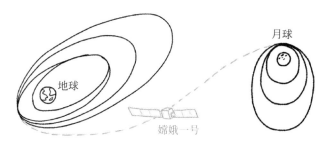

图18-10 "嫦娥一号"使用霍曼转移奔月

而图18-11是"亚洲三号"奔月的过程。和"嫦娥一号"奔月不同的是，"亚洲三号"奔月是需要改变轨道的倾角，尽可能选择月球和赤道面较为接近的时候靠近月球，改变完轨道面之后，"她"就要立即返回地球。而"嫦娥"奔月则是为了被月球引力捕获，成为月球的卫星,便于对月球进行探测和研究。

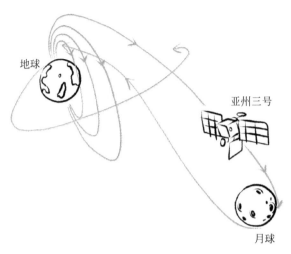

图 18-11 "亚洲三号"奔月

　　理解霍曼转移之后,我们再来看看弹道捕获轨道。我们知道,霍曼转移适合于两个圆形或者椭圆形的轨道之间的转移,而且要求航天器的推进器能够在很短的时间内产生较大的推力。而对于深空探测,霍曼转移并不一定适合。于是人们提出了一种新的思路:不需要不断加速或减速转移轨道,直接把航天器扔到目标天体上不是更好吗?就像发射一颗炮弹一样,计算好炮弹的运行轨迹,随后让航天器以一个比较慢的速度接近目标天体,并直接被目标天体的引力捕获,这样就无需在靠近天体的时候再消耗能量,使用霍曼转移逐步降低轨道了。这就是弹道捕获轨道的原理和设计思想。这种方法由于接近目标天体的时候速度不能太快,所以需要的时间会更长一些,但是好处是能够更加节约能量。图 18-12 给出了一种用于访问火星的弹道捕获轨道。

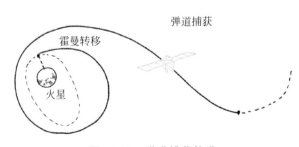

图 18-12 弹道捕获轨道

笔者查阅了贝尔布鲁诺发表的论文，他确实一直在研究弹道捕获轨道，而且设计出了一个非常有趣的探月弹道捕获轨道，我们不妨称之为"贝尔布鲁诺弹道"。据他的一篇论文称[4]，这个轨道应用了他提出的弱稳定边界理论，相比霍曼转移，使用该轨道探月能够节约18%的能量。这个轨道大致是图18-13这样。

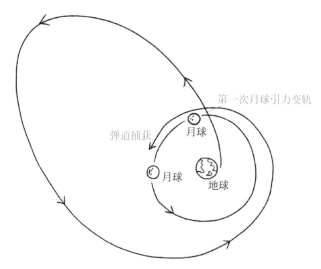

图 18-13　贝尔布鲁诺弹道

　　贝尔布鲁诺的计算本身并无问题，为什么他的方案最终没有被采纳呢？这涉及航天任务中一个很重要的问题——测控。也就是说，地面需要能够不断地获取卫星所在的位置信息，发现卫星轨道的小小误差，并且在必要的时候发送指令来纠正这些误差。但是，"亚洲三号"卫星本身其实不是一个深空探测器，设计"她"的时候，并没有打算把"她"送到远离地球380 000km的月球附近，而只是送到距离36 000km的静止轨道上。实际上"她"已经非常争气地飞到了10倍于静止轨道的地方，这意味着卫星的天线需要远超出设计的精度、高速运动时的性能，还要有更好的抗干扰能力。事实证明，"亚洲三号"卫星质量非常过硬，达到了一个深空探测器的要求，"她"也因此成为第一颗奔赴月球的商业卫星，我们已经无法要求"亚洲三号"做到更多了。

　　接下来，我们再看看贝尔布鲁诺的弹道捕获曲线。这条曲线与地球最远的距离达到月球轨道半径的4倍多，也就是要求"亚洲三号"能够支持的测控距离达到原计划的40倍以上，这明显是不现实的。所以休斯公司否决掉这个方案是非常合乎实际的一种选择。

其实早在 1990 年，日本的探月任务受挫的时候，贝尔布鲁诺就向日本提出了他的方案，他建议日本的"飞天号"使用这种弹道捕获轨道奔赴月球。然而，贝尔布鲁诺自己也承认，日本并没有接受他的建议，他的建议只是起到了抛砖引玉的作用（原文为"Although not used, this transfer provided are important first step toward to the final design"[4]，参考译文为"尽管最后的方案没有使用这种轨道转移方法，但是该方法还是作为重要的第一步推动了最终方案的确定"）。最后，日本使用了利用地球大气摩擦力刹车的方式，节约了能量，成功让"飞天号"奔赴了月球。我没有找到日本人为什么最终没有采纳贝尔布鲁诺方案的原因，但是我估计测控的难度也是一个很重要的因素。

18.6　没有结论的结论

其实看到这儿，大部分事实已经很清楚了。休斯公司应该是认真考虑过贝尔布鲁诺的方案，但是由于其应用条件比较苛刻，所以没有采纳。看双方的争论过程，似乎对这一点并无异议。

因此，争议则集中在了最后一点上：休斯公司是否受益于里登尔和贝尔布鲁诺的提议，才想到了利用月球引力改变倾角。休斯公司发表的公开声明从未表示过对这两人的感谢，因此，休斯公司应该是不认可这一点的。而这件事发生十多年之后，还能够看到前休斯公司员工和里登尔在网上隔空互相炮轰。有休斯公司员工声称是自己提出了利用月球引力这个创意，并指出有很多休斯公司内部人员可以佐证这一点，但考虑到他的证人也是休斯公司内部的人，因此利益相关，无法作为证据。也有休斯公司内部员工坚定地认为，里登尔和贝尔布鲁诺提出的建议对休斯公司起到了很大的作用，然而，这个员工无法证明自己参与了项目的全过程，了解每次沟通的细节，也无法证明在里登尔两人之前，休斯公司内部没有任何一个人想到并提出这一点。

其实我认为分析到这里，已经没有必要、也不可能再分析下去了。正如牛顿和莱布尼茨的微积分版权之争，争了几百年都没有一个结果，这件事我们也不可能查得水落石出。最后再说说我的看法吧。首先，利用月球引力的思想其实也算不上什么特别有创造力的思想，很多航天爱好者和科幻小说作家都能提出这种想法；其次，如果这种思想没有结合实际情况(如测控能力)进行论证,没有提出切实、可行的方案,在工程上就是无法真正落地执行的,这也就是大家常说的"有想法,没办法"。

更重要的是,航天是一项讲究团队协作的系统工程,也许会有某位英雄人物在某次头脑风暴或者项目讨论会上提出一个非常有创意的想法,但是还需要大量的论证工作和富有创造力的设计,才能够制定出详细可行的方案。因此,从全过程看,没有提出可行的方案,没有投入大量的精力在整个过程中,只因为提出了想法,就把这个人定义为项目成功的关键人物,确实是不合适的。我们需要很多好故事来激发人们对航天的兴趣,吸引大家深入了解一些背后的科学知识,但是看完故事之后,我们也希望让大家理解,在航天这种需要各方面协同合作的大型系统工程中,出现霍曼这种草根英雄的概率毕竟是极小的。

最后,里登尔、贝尔布鲁诺也没有打赢和休斯公司的官司。他们指控休斯公司这次营救行动侵犯了贝尔布鲁诺的弱稳定边界相关的知识产权,法庭经过审理驳回了这俩人提出的指控,并且要求他们赔偿一部分休斯公司因诉讼产生的费用。官司虽然结束了,但是两位"世外高人"和休斯公司的恩恩怨怨还在继续,不过这并不重要,我们通过这件事,知道了静止轨道卫星是怎么回事,知道了霍曼变轨、弹道捕获轨道,还知道了有关发射场的选择和航天器轨道倾角的关系,这也就足够了。

直到写完这一章,我依然没有找到贝尔布鲁诺的弹道捕获曲线成功应用的报道,倒是发现贝尔布鲁诺还把利用贝尔布鲁诺弹道和月球引力来改变卫星轨道倾角的方法在美国[5]和中国[6]都申请了专利。不过,考虑到我国的海南文昌发射基地已经启用,在那儿发射的卫星根本不需要大费周章地改变轨道倾角,所以啊,贝尔布鲁诺拿到他的专利授权费的希望应该是越来越渺茫了。

参考文献

[1] Asiasat3/HGS-1[EB/OL]. NASA official website. https://solarsystem.nasa.gov/missions/asiasat-3-hgs-1/in-depth/.

[2] Salvatore J O, Ocampo C A. Free Return Lunar Flyby Transfer Method for Geosynchronous Satellites: 美国,6116545[P]. 2000.9.12.

［3］ Jeremiah O Salvatore，Cesar A Ocampo. Free Return Lunar Flyby Transfer Method for Geosynchronous Satellites Havint Multiple Perilune Stages：美国，6149103［P］. 2000.11.21.

［4］ Edward A Belbruno，James K Miller. Sun-Perturbed Earth-to-Moon Transfers with Ballistic Capture[J]. Journal of Guidance，Control，and Dynamics. Vol. 16，No. 4，July-August 1993.

［5］ Edward A Belbruno. Low Energy Method for Changing the Inclinations of Orbiting Satellites Using Weak Stability Boundaries and a Computer Process for Implementing Same：美国，6999860B2［P］. 2006.2.14.

［6］ 爱德华 A. 贝尔布鲁诺. 利用弱稳定边界的卫星倾角变化：中国，CN98806557.6［P］. 1998.04. 24.

第 19 章 不重复犯错的方法

失败是坚韧的最后考验。

——俾斯麦（德国政治家）

19.1 逆境中产生的"归零"

"你问归零是什么啊?"前辈笑了笑对我说,"喏,那个哥们儿就在归零。"

我顺着前辈手指的方向看去,一个脸色铁青的黑眼圈中年大叔坐在电脑前,"恶狠狠"地瞪了前辈一眼,回过头接着码字。

当时我就明白了,归零肯定不是什么好事情,心里也不断地祈祷自己不要摊上这种大事。

多年以后,我已经可以很淡定地面对归零,也明白了归零绝对不是熬着通宵、胡子拉碴写报告这么简单的事情。事实上,每次归零虽然痛苦,却让我受益良多,我也明白了中国航天有今天的成就绝非运气。

各位读者能够看到的有关中国航天的新闻,绝大部分都是发射成功的正能量。但是事实上,只要认真在网上搜索,也不难找到很多官方报道的中国航天失败的记录。

1969年11月,"长征一号"火箭首次发射,由于第2级火箭故障,未能入轨。

1974年11月5日,"长征二号"火箭首次发射,因为一根控制信号的导线断裂,火箭在起飞20s后姿态失稳,火箭自毁。

1984年1月29日,"长征三号"火箭首次发射,三级发动机出现故障,运行过程中推力突然下降,卫星未能进入预定轨道。

1996年2月15日,"长征三号乙"(简称"长三乙")火箭首次发射失败,惯性平台中的一个电子元器件失效,点火22s后坠地爆炸,死亡6人,伤57人。

2006年10月29日,首颗采用"东方红四号"平台的"鑫诺二号"卫星因为太阳能帆板和通信天线展开失败,卫星无法正常工作。

2017年7月2日,"长征五号"火箭第2次发射失败,火箭飞行出现异常,卫星未能进入预定轨道。

仔细看这些记录不难发现,大部分失败的任务都是新型号和新平台首次发射或使用,因为新型号和新平台会采用大量新的技术,因此会带来较多的技术风险,任务的失败率较高。后期技术成熟后,同系列的火箭和卫星失败就很少了。

看过《圣斗士》的小伙伴们都知道,对圣斗士用过的招式不能用第二次,因为第二次他们就不会再中招了,简称"二次定律"。从前面这些记录看,二次定律对中国航天同样也适用。但是仔细思考一下,想让一个犯过的错误不会再犯,这是一个非常困难的事情。事实上,中国航天完全掌握这种能力并不容易,可以说是有着惨痛的教训。

20世纪90年代可以说是中国航天最为黑暗的时期,航天发射出现了多次重大失利。1992年,"长征二号"运载火箭发射澳大利亚B1卫星失利,于是整个航天系统上下开始搞总结,分析失败原因。1995年,这事还没完全弄清楚,此时中方受休斯公司委托发射"亚太二号"卫星又遭遇发射失败,"长征二号E"型运载火箭正常飞行了约50s后发生爆炸,星箭全部损毁,太平洋保险公司赔偿了1.62亿美元。没办法,总结得不够彻底,接着总结吧,好说歹说终于提出了质量"归零"的概念。可是这个概念还没来得及全面推广应用,1996年2月,前文提到的"长三乙"火箭首次发射"国际通信卫星708"失败(见图19-1),火箭起飞22s后爆炸,星箭俱毁,人员伤亡惨重;1996年8月,"长征三号"火箭发射"中星七号"通信卫星,三级发动机的二次点火发生故障,卫星未能进入预定轨道。

图19-1 "长三乙"火箭发射失败

这些接二连三的失败都是中方受外方委托的商业发射任务，更糟糕的是还出现了惨重的人员伤亡，这极大地影响了中国航天在国际市场的信誉。可以想象，中国航天人被这些失败"劈头盖脸"地一顿"胖揍"，事后的加班加点还是小事，关键是这种挫败感难以描述。

笔者加入航天队伍没多久，就深切感受到航天人沉甸甸的责任。2006年"鑫诺二号"卫星发射失败的新闻播报时，我正好在单位吃饭，本应该热热闹闹的餐厅瞬间安静下来，所有人的目光都集中在电视屏幕上，人人神情凝重，偶尔听到窃窃私语，现场的气氛异常压抑。在场的大部分人可能都不是参与这个型号设计的人员，但是这种"共患难、共命运"的意识在此刻显现无遗。同样，这些人也有权利在每一次发射成功时欢呼雀跃，分享举国瞩目的荣耀，这是他们应得的。

20世纪90年代是我国改革开放近20年来的一个重要转折点。可以说，中国在社会、经济、军事多个方面都实现了华丽转身，当然也包括航天。1996年之前，中国"长征"火箭的发射成功率仅为84%；而1996年之后，我国的火箭发射成功率达到了97%以上。而美国发射成功率最高的"大力神"运载火箭成功率为94%，欧洲的火箭发射成功率为92%，印度的总发射成功率只有69%。

中国航天到底是如何实现华丽的转身？这其中最大的功臣就是1995年提出的"归零"，"归零"就是我们实现圣斗士们"二次定律"的法宝。"归零"的内涵就是，一旦出现质量问题，要求将每一个相关的环节都从零开始进行检查，直至问题的所有可能原因全部被排查完毕，问题最终被彻底解决，而且不会再犯类似的错误，避免"头痛医头、脚痛医脚"的现象。所以，航天任务一旦出现失利，从发现问题到彻底给出结论、解决问题，需要比较长的一个周期。

19.2 "归零"的过程

那么，"归零"具体是怎么操作的呢？首先我们先得明白航天型号任务的组织模式。不难想象，一个航天型号的发射需要数百家单位协同工作才能完成，这个时候自然需要一个总负责的机构，我们一般把他们叫作总体；然后系统下面又分为多个分系统，分系统也都有自己的总体或者叫作主任设计师，随后就是设备、元器件、软件等，层层分解,分级负责。这种组织结构的最顶层有一位经验丰富的资深专家对技术负责,这就是总设计师,简称"总师"。还有一位高级行政领导负责组织和协调、调配资源,这就是总指挥。总师、总指挥这两个"总"(见图 19-2),再加上总体、分系统单位,就构成了航天型号任务的完整组织模式。这种组织模式特别适合大型项目的协同作业,是钱学森老前辈提出的系统论的一个典型实践。

总师

总指挥

图 19-2　总指挥和总师

　　洛马和波音是美国顶尖航天企业,但是他们不仅造火箭和卫星,同时还是航空界"大拿",美国的顶尖卫星制造商休斯公司也是航空起家的。而在咱们国家则完全不同,我国的航空和航天是两个关联很小的领域。是什么原因导致如此大的差异呢?我们看几个时间点:

1903 年,美国同时也是世界第一架飞机试飞成功;

1958 年,美国第一颗人造卫星发射成功;

1954 年,中国第一架自制飞机试飞成功;

1970 年,中国第一颗人造卫星发射成功

……

看出来了吗?美国的航空和航天工业取得突破的时间相差半个世纪,而中国的航空和航天工业取得突破的时间仅相差十余年。可以说我国的航空和航天几乎是

同时起步的,要知道,当时我们国家还很困难,这带来了一个非常现实的问题,有限的资源到底应该投入到哪个方向上呢?

1955 年,钱学森在突破重重阻碍回国后,国家领导人曾经咨询钱老应该优先发展航空还是航天。钱老认真考虑之后,最终建议优先发展航天。这是航天的幸运,同时也是航空的"悲剧"。对我国航空工业的最大打击并非来自于投入经费的减少,而在于最宝贵的资源——钱老本人没有能够投入航空工业,否则我们国家的航空业绝对比现在要上一个台阶。钱老的重要性可见一斑。

当出现问题的时候,就必须要尽快收集各种信息,对问题进行一个初步的判断,确定最有可能的责任单位,再由这个单位开展进一步的分析。实际上,这是最紧张的时候,每个单位都不希望是自己的问题,开会讨论的时候,往往需要派经验最丰富的专家参会,并且尽可能地提供准确的信息,自证"清白"。当然,也有很多时候可能会有技术上的争论,导致很难判断问题到底出现在哪儿。因此,航天也制订了一系列规范,确保一定能找出一个"背锅侠"。基本原则就是:总体单位负责定位问题,如果无法准确定位问题,把问题"拍"到某个分系统,那么就是总体单位自己负责分析这个问题;把问题"拍"到分系统后,如果分系统无法再把问题"拍"到分系统下的具体某个子系统或者设备,那么分系统就负责分析这个问题。

虽然有了这些规定,但是这对负责最后拍板的总师要求非常高,他需要像包青天一样明察秋毫,熟悉各个环节和各个设备的技术原理,然后才能做出判断。

举一个非常典型的例子。航天器飞行时需要导航系统确定航天器的精确位置,然后控制系统根据导航系统给出的精确位置,调整航天器的轨道,也就是说航天器先得知道自己在哪儿,然后再确定往哪个方向走。那么,如果导航系统给了控制系统一个错误的位置信息,导致航天器飞向错误的方向,这个问题应该是导航系统还是控制系统负责呢?

从表面上看,确实是导航系统负责,但是事实上却需要根据情况而定。多数情况下,这事儿确实应该是导航系统负责。但如果是一个返回式航天器,那么在返回地球的时候情况会有所不同。返回舱与空气摩擦,会形成一个几千摄氏度的高温区,这个高温区会将空气和返回舱的表面材料电离,形成一个电离层,将返回舱包裹起来,导致返回舱与外界通信中断,这个中断时间一般是 4～7min,我们把这段时间叫作黑障区。在黑障区,导航系统依赖的测控信号和导航卫星信号自然也会中断,导致其无法给出正确的位置。如果总体设计部门在系统设计中没有考虑到这个情况,那么就是总体设计部门的问题。而如果总体设计部门考虑到了这个问题,但是控制系统没有按照要求进行容错处理,那么就是控制系统的责任。

当然,以上的思考判断过程从旁观者的角度看起来似乎很轻松。画面如下:总师坐在会议桌前,深深地喝了一口茶水,沉默半晌后,抬起头,平静地看着责任单位的项目负责人,吐出三个字:"你们归(零)!"然后潇洒地离开了会议室,深藏功与名。

"背锅侠"找到之后,就需要进一步精准地查找问题的真正原因了,这需要使用更加科学、严谨的方法——故障树。所谓故障树,就是把问题现象摆出来,然后根据系统的设计图纸和技术文档进行综合分析,将所有可能导致问题的原因找出来。如果说某一个导致问题的原因还可以往下分解出更深层次的原因,那么我们还需要继续再往下分解,直到无法分解为止。为了便于读者理解,我们以家中电灯不亮为例,给出了一个简单的故障树示例,大家可以参考图 19-3 感受一下。实际的故障树要比这个图复杂得

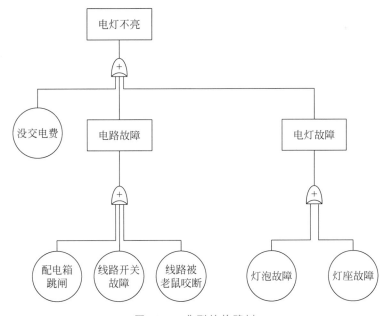

图 19-3 典型的故障树

多，很多时候需要很多页纸才能完整地表达出需要分析的所有情况。

有了这棵"树"，我们就可以采用分析、做实验的方法，逐个排查可能的原因，直到找到真正的原因为止。但是，我们很多时候无法拿真正的设备或系统做一些破坏性的实验，遇到发射故障或者卫星在轨故障的时候，更无法直接检查卫星或者火箭。针对这一类情况，我们会制作一些专门用于实验的组件，大部分时候会在地面保留一个备用卫星，这些实验组件或者备用卫星的设计尽量和真实的一样，这样就可以使用它们来做实验了。可为什么说尽量一样呢？因为贵啊！有些特别昂贵的组件舍不得配置成和上天的卫星一模一样，只好配置成质量差一些的替代件了。具体贵多少呢，以功能完全相同的某种芯片为例，宇航级的芯片20万元一块，工业级的5万元一块，而民用的可能几千元就能买到了。

这个时候做实验的目的，很多时候就是为了模拟出和故障时一样的情况，然后确认这个可能的原因是否成立，如果成立，那么就会出现同样的故障，这个过程叫作故障复现。故障一旦复现，这个问题可以说是解决了一大半。

当然，光做实验是不够的，很多时候还需要分析，特别是遇到一些随机性很强的问题，即使模拟出一模一样的环境，也无法将故障复现出来，此时就只能分析发生故障时系统记录的各种数据了。航天工程师们为了尽可能多地掌握航天器上发生了什么事情，往往会在航天器上安装各种各样的传感器，同时系统内部也会不断地记录各种数据，将数据实时传给地面，也就是我们经常说的遥测数据。发生故障时，很多时候通过遥测数据就能够很精准地找出问题。

可能有些小伙伴会问，既然我们能通过遥测数据精准地定位具体问题，是不是就不用再画前面的故障树，也不用每个可能性都排查呢？答案是：不行，还是必须全部排查一遍。因为导致问题的原因可能不只一个，我们必须认认真真地检查故障树的每一片"叶子"，确认是否有多个原因可能导致这个问题。

19.3 一次完美的"归零"

实际上，我们并不能保证安装的传感器能把所有的信息都传递回来，这时候就需要依靠一些技巧了。最近几年发生的一个非常有趣的案例就是SpaceX公司的归零。

2015 年 6 月,搭载了"飞龙号"太空舱的"猎鹰 9 号"火箭升空大约 139s 后爆炸。火箭爆炸的残骸或许能找到,但是有用的信息实在不多,而录像机也只能拍摄到火箭外部的情况,内部发生什么人们完全不知道。但是 SpaceX 公司的工程师们愣是设法"听"到了爆炸前异常的声音,然后确定了声音是来自于液氧箱内部的某个高压氦气罐,进而分析出这个存放高压氦气的罐子支架出了问题,它因为承受不住火箭加速时的过载突然断裂,随后浮力让失去支架固定的氦气罐快速往上飘,撞击到液氧箱壁,导致氦气罐破裂。氦气猛地从罐子里泄漏出来,液氧箱压力增大,最后引起爆炸(见图 19-4)。

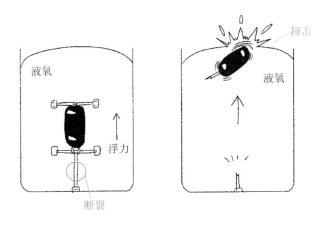

图 19-4 "猎鹰号"故障原理图

而这个爆炸前的声音其实不是录制的音频数据,而是支架断裂时结构的变化导致火箭的振动发生异常,这个异常传导到火箭不同位置的传感器的时间是不同的,这样就可以通过三角定位法,确定出振动发生的具体位置了。

SpaceX 公司的进一步分析表明,这个断裂的支架原设计应该能承受 10 000 磅的力,而在这次发射中,仅仅 2000 磅的力就导致其断裂[1][2],可以确定 SpaceX 公司选择的支架供方产品质量不过关,也可以说是 SpaceX 公司的产品质检环节出了问题。按照航天严谨的工程流程,我们可以确信,SpaceX 公司的同行们一定能够找到这个断裂的支柱编号,是哪家厂商生产的,在什么时间哪个质检工程师做过哪些质检工作。读者们可以求一下这个质检工程师的"心理阴影面积"。

　　马云带队去美国考察，与谷歌公司创始人聊天，问到谷歌的竞争对手是谁。原本以为谷歌会说微软、苹果之类的同行竞争者，没想到答案却是 NASA 和美国政府。原因很简单：谁和谷歌抢人才，谁就是谷歌的竞争对手。由此可见谷歌对人才的重视。

　　然而谷歌有新对手了，马斯克于 2002 年成立的 SpaceX 公司经过十余年的发展如日中天，成功完成了多枚火箭的发射，并实现了火箭垂直回收的创举。马斯克得以完成如此重大成就的原因之一就是 NASA 对 SpaceX 的人才输送。据说，SpaceX 公司非常狡猾地选择了 NASA 各部门排名第二的关键人物，这类人能够独当一面，成本却相对较低，同时还不至于让盟友 NASA 的业务运转受到过大的冲击。

19.4 "归零"与航天的成长

　　可以说，每一个参与归零的航天工程师就是福尔摩斯，他们在努力设法通过各种蛛丝马迹，找到唯一的真相。当然，找到真相并不算"完事"，还需要确认改进措施是什么，然后做一系列的试验，保证这个措施是有效的。归零不是为了追究某个单位或者个人的责任，而是为了彻底地解决问题，同时保证这个错误不会再犯。也就是说，不光是出问题的型号，其他的所有型号、所有相关单位都不能再犯类似错误。一人生病，大家集体打预防针。

　　其实归零这种事在航天系统十分常见，不一定是任务失败才会归零，卫星在轨的故障、研制过程中测试发现的问题，都可能需要归零。可以想象在临近发射的时候，如果遇到问题、需要归零，航天工程师的压力是非常大的。火箭在燃料加注进去后，就是一个大炸弹，在发射架上多等一分钟都有巨大的风险。此时，大家要尽快确认是否能够将问题彻底解决，发射是否需要延期。这种情况下，任务的总师、总指挥可以说是"在线等答案"，他们一定是和一线设计师一起熬着夜，等着分析结果。

　　说到这儿，可以看出来，航天工程出现问题其实并不可怕，任务失败也没有什么可以担心的,只要严格地按照前辈们总结出来的方法,认认真真把每项工作做好,问题总是能够解决的。笔者曾经和一些民营企业家聊起航天的归零,他们如获至宝,马上拿起手边的小本本开始记录航天的管理方法。2015 年,国际标准化组织(ISO)正式发布ISO 18238 航天质量归零管理[3],这意味着中国航天已经将这些由血泪教训总结出来的经验作为一份礼物赠给了全世界的人们。

最近在航天遇到挫折的时候,有人在网上发表了言论,提到航天二三十人开会、四五个人干活,效率低下。其实这个说法也对也不对,正确的是参会人员的数字,但是说四五个人干活就有失偏颇了。发表这些言论的人也许只是站在一个航天设计师的视角看问题,因为每个航天设计师最经常接触的工作伙伴就是自己小组的成员。但是,这二三十个参会的其他人员,同样是其他小组忙碌的设计师们。散会之后,或许你看不到他们,但是这并不意味着他们去喝茶、看报了。

像航天这种大型系统,组织会议绝对是一门学问。比如说归零过程中的会议,由于航天系统的复杂性,可能不是一两个人就能够判断出来问题到底出在哪儿,这个时候往往需要各个专业、各个分系统的专家来参会,一起分析现象,找出问题所有可能的原因,画出故障树,然后再逐个做实验、进行排查。那么这个会到底该请哪些人参加呢?参加的人少了,缺少某些技术支撑,问题可能就分析不清楚;参加的人多了,大伙儿可能会抱怨,和我没关系的事情为什么要让我参加。事实上,每个参加会议的人任务都很重,散会之后,大家都是赶紧忙自己的任务去了。所以参加会议的人多,而一线设计师看到身边干活的人少,这是一个非常正常而且合理的现象。

看完这篇文章后,如果你再看到类似“某某航天任务失利,专家对故障原因进行调查分析”的报道,你就会明白专家们都在干什么了。也许你眼前会浮现出一群胡子拉碴的大叔、面容憔悴的大婶们在自己的岗位上忙于归零的身影。航天任务失败在所难免,但是这不是失败的理由。出了问题,也没有什么好羞愧的,勇敢地面对就是了。或许,也只有亲眼见证失败,人们才会明白成功的来之不易;年轻的航天工程师们就会真正明白,在枯燥的工程项目中,每一个不起眼的工序都是那么的重要。我们无需过于担心,因为航天人就是生命力顽强的、打不倒的“小强”,因为即使遭遇失败,下一次,我们一定会成功!

参考文献

［1］ CRS-7 Investigation Update［EB/OL］. SpaceX official website. https：//www. spacex. com/news/ 2015/07/20/crs-7-investigation-update.

［2］ National Aeronautics and Space Administration. NASA Independent Review Team SpaceX CRS-7 Accident Investigation Report Public Summary［R］. 2018. 3. 12.

［3］ Space systems —— Closed loop problem solving management：ISO 18238：2015［S］.

梦想篇

第 20 章　技术的边界与人类的未来

很难说什么是不可能的,昨天的梦想就是今天的希望和明天的现实。

—— 罗伯特-戈达德(美国科学家,液体火箭之父)

远方引我心痒难耐,
念念不忘,
我渴望驶向未知的大海…

—— 赫尔曼·梅尔维尔(美国小说家)

20.1 缘起——究竟为什么要探索宇宙

137亿年前宇宙诞生,300万年前猿人在非洲出现,有文字记载的人类历史不过1万年,人类通过大航海全部了解自己居住的星球不过300年,而人类走出"摇篮"、飞向太空才不过100年而已。从第一位猿人凝视星空算起,我们已经蜗居在地球上太久太久。1961年人类才刚刚以一种并不优雅的姿态进入太空,近60年过去了,留下人类脚印的天体还是只有月球,而那仅仅是地球的一颗卫星。

虽然你我都共同生活在这个拥挤不堪的星球上,但每天总有那么一个时刻,你会抬头望望天空,阳光让你安心,而且你知道,星星就在那里。人类始终向往着远方,凡是遥远的东西,都会有一种独特的诱惑,所以我们才会那么迷恋旅行。

当人类从太空回望地球时,她真的太美了!蓝色的星球在暗黑色的背景之中格外醒目。在半个世纪的载人航天史上,一共有434名航天员进入了太空,其中因事故而身亡的,加上在日常训练中身亡的航天员,一共有22名,死亡率高达5%。那么,人类究竟为什么要冒着如此巨大的风险,花费如此之多的金钱去冒险?就为了离开孕育自己的美丽星球?而且,在这颗美丽星球上,仍然有很多孩子吃不上饭,很多家庭没有干净的饮用水,很多人由于无法得到及时救治而死亡。

地球,也许是宇宙中最好的地方,也许是最坏的地方。

事实上,伴随着世界各国的航天历程,关于为什么要去宇宙的争论从来就没有停止。NASA马歇尔空间中心的科学副总监恩斯特·施图林格博士(Ernst Stuhlinger)在写给赞比亚修女玛丽·尤肯达(Mary Jucunda)的著名回信中解释了为什么人类应该致力于太空探索。

施图林格博士在回信中的核心观点是:"地球上现在有太多的苦难,未来也不会更少,只有科学技术的进步才是解决这些问题的根本途径,太空探索是其中重要的一环"。太空探索推动基础科学的进步,提高一代人的科学素养,而科学给予人类希望,让地球更美好。但当我们回顾人类航天史,会发现最早推动航天技术快速进步的其实并不是希望,而是恐惧。二战结束后不久的1957年,当苏联把第一颗人造地球卫星

Sputnik送入轨道,美国老百姓最担心的就是苏联人会随时丢一颗核弹下来。在这种恐惧的激励下,美国开始加大投入,双方展开了太空竞赛。

美国人最终在1969年成功地把人类送上月球并安全返回,整个"阿波罗计划"花费了1800亿美元(折算到现值)。在航天投入最大的1967年,仅NASA的预算就占到美国整个联邦预算的4.5%。这是一个相当惊人的数字,考虑到2016年中国所有军费支出才占到财政预算的7%。以军事目的为主的航天快速发展阶段很快结束,先是苏联"烧"不起钱了,经费预算骤减,被迫放弃登月计划。后来随着苏联解体,冷战结束,美国也就失去了对手。当安全问题不再存在,航天投入的动力就不足了,整个航天计划进入平稳的维持现状阶段。NASA预算占联邦预算的比例逐步降到不足0.5%,美国再也没有独立启动"阿波罗计划"、航天飞机这样庞大、辉煌的航天计划,国际空间站也要通过全球合作才得以实现。

在科学家、探险家看来,探索宇宙不需要原因,探索未知世界的奥秘,发现更广阔的生存空间本身就是目的,好奇就是最好的原因。但对于老百姓,如果不是自己亲自参与,都是看电视直播,登上月球还是登上火星区别并不大。正因为如此,"阿波罗"登月之后,导航卫星、通信卫星、遥感卫星等应用型航天技术发展迅速,极大地造福了人类社会。另一方面,虽然各国发射了数量众多的各类深空探测器以及空间望远镜,对宇宙的认识不断加深,但比起20世纪60年代对航天技术发展的乐观估计来讲,可就差远了。

早在1947年,钱学森就提出客运火箭的设想,预计40min就可以穿越大洋。到20世纪70年代,科学界认为不到20年之后人类就能实现月球漫步和太空行走,每个人的目光都投向更远的行星,很多人都认为不久的将来就可以登上火星。但这些期望都落空了,时至今日,人类的足迹还是只停留在月球。正如硅谷投资人彼得·蒂尔常感叹的:

"我们曾经想要会飞的车,如今得到的却是140个字符(指推特发文长度以140个字符为限)"。

在各种航天题材的科幻小说和电影中,同样涉及探索宇宙的动机问题。人类在地球上好好的,偏要到宇宙的深处去玩命,这需要一个理由!理想终归不能解决商业社会中搞宇宙探索动力缺失的现实问题,毕竟情怀不能当饭吃,如果探索宇宙不能带来实际收益,那航天就只能停留在科学探索领域。回顾大航海时代,欧洲各国国王愿意投入巨资资助探险家的根本原因还是黄金和白银的诱惑。

换位到宇宙尺度思考,太阳系也是有寿命的,不可能永远存在。大约在 50～75 亿年后,太阳将不可避免地演化成一颗红巨星(见图 20-1)。不断膨胀的太阳势必吞没所有内行星,也包括地球。当然,那时候也许木星这样的外行星会变得更加宜居,可是我们也需要能够到木星去才行。如果人类没有在未来 50 亿年之内把自己"作死",真的能够存活到那个年代,如何逃离地球就是生死存亡的大事。

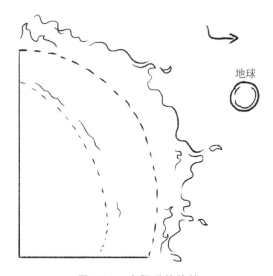

图 20-1　太阳系的终结

毕竟 50 亿年太久了,即使等不到太阳变成红巨星,人类社会仍然将面临许多可能出现的巨大挑战。如果这些挑战成真,向着更远的宇宙前进就几乎是唯一的选择。

电影《星际旅行》的顾问、诺贝尔物理学奖获得者基普·索恩在同名科普书籍中也谈到了类似的问题,索恩曾经组织各个专业的顶级科学家研讨地球环境被破坏到人类无法居住的可能原因。经过大家的深入讨论,一致认为目前来看并没有任何可预见的原因将会导致人类必须离开地球。最后,索恩为电影剧本虚构了导致粮食作物绝收的锈死病。

科幻作品中最喜欢描写的题材就是人类遭遇某种巨大的灾难，最终导致人类被迫放弃死亡地球，去宇宙流浪。这些在逻辑上确实存在可能性的地球毁灭原因可以归纳为四种类型。

第一类原因是外星人入侵。宇宙如此之大，一定不会只有人类这一种智慧生命存在。外星人必然存在，但他们是否对人类友好可就不一定了。包括《三体》《上帝熔炉》在内的诸多科幻作品都描写了外星人入侵导致地球被殖民或毁灭的故事，这类原因最吸引眼球，但也是最不可能发生的。

第二类原因是人类自己"作死"。还没轮到外星人出手，我们自己亲自毁灭地球的可能性绝不是零。人类社会爆发核战争或者某种致命的病毒造成环境灾难，导致地球生态环境不可逆转地恶化并最终崩溃。阿西莫夫的《苍穹微石》就描写了地球被核辐射毁灭的场景。

第三类原因是宇宙或者地球本身的偶然灾难。即使人类不"作死"，彗星或小行星撞地球、太阳大耀斑、超新星爆发、地壳剧烈运动等各种灾难性事件都可能毁掉地球。恐龙很可能就是因为行星撞击地球而毁灭，未来再次发生类似灾难的可能性不可忽视。悲哀的是，如果真的遇到类似的灾难，或许只有很少一部分人类能够幸存。

第四类原因是资源枯竭。由于人类数量不断增多，消耗掉了地球上能够获得的所有自然资源，最后导致人类被迫抛弃资源枯竭的地球。资源枯竭即使不会导致地球完全无法生存，但在可预见的未来，资源短缺将造成的威胁已经不可不察。

地球上可供人类使用的能源无非就是三种，一是地球本身蕴藏的能量，比如原子核能；二是地球和其他天体相互作用产生的能量，比如潮汐能；还有就是来自地球外天体的能量，主要是太阳能。

作为一种生物，人类最本质的需求一是生存，二是发展。生物存在的本能就是要尽最大可能扩大种群规模，通过进化适应环境，从而延长整个种族的存在时间。在这个前提下，当人类已经占据整个地球，而欲望又不受节制时，麻烦就大了。电影《黑客帝国》中史密斯探员说，"人类不应该属于哺乳动物，所有的哺乳动物在进化过程中会与环境融合为一体。但是发展出智力的人类不再受环境的制约，对资源的需求几乎是无止境的"。

地球本身蕴藏的能量以及地球自诞生以来通过光合作用储存的太阳能（煤炭、石油）储量有限，可以预期这些固有能源总会有耗尽的一天。当前输入的太阳能和地球与其他天体相互作用产生的能量功率有限，即使考虑能源利用技术的进步，未来输入能量的总利用水平如果难以支撑人类社会对能源需求的快速增长，那就将爆发全球性的能源危机。

危机的解决途径无非是以下三种可能：

（1）对能源的争夺最终导致战争，通过战争客观上减少人口，强行降低人类社会对能源的需求总量；

（2）人类社会集体道德的进步使我们更加节约和节制消费；

（3）技术进步，开发新能源，比如可控核聚变；或者到地球之外去寻找能源和可以定居的星球以便转移人口，就像历史中的寻找新大陆。

在创立 SpaceX 公司的埃伦·马斯克看来，这些威胁并不是远在天边。他认为，"人类应该尽快从单一行星种族进步到多行星种族"。马斯克曾引述著名博客作家 Tim Urban 的话，"地球就像一块硬盘，我们把所有的一切都存储在这里。每一首歌曲，每一本书，我们说过的每一句话以及所有的记忆，还有所有的生命。那么一旦这块硬盘损毁，一切都将化为乌有，我们将失去一切。因此，必须有一个备份，这就是我们必须要离开地球的原因。"

20.2　宇宙的无限与科学技术的边界

推动人类社会进步的最根本动力是好奇，即使彗星撞地球没有发生，核战争没有爆发，仰望星空的人类也一定不会只满足于蜗居在地球上。

如何达到更快的速度，跨越时间和空间的鸿沟是星际旅行的根本问题。在现实世界中，人类目前最快的航天器是 1977 年发射的"旅行者 1 号"，它现在的速度大约是 17km/s，超过了第三宇宙速度，现在距离地球约 180 亿千米。即使如此，这个速度也还不到光速的万分之一，大约再过 26 600 年，"旅行者 1 号"才能离开奥尔特星云，真正进入星际空间。

虽然目前航天技术能够达到的水平距离恒星际宇宙探索还相当遥远,但在许多科幻文学作品乃至严肃的学术论文中已经探讨了许多未来可能实现的星际航行技术。这些技术虽然听上去和"天方夜谭"一般,但千万不要嘲笑它们。儒勒·凡尔纳于 1865 年发表的科幻小说《从地球到月球》中构想的登月舱几乎和"阿波罗 11 号"的指令舱大小相同,凡尔纳甚至预料到返回地球时,"阿波罗 11 号"需要落在大海中。齐奥尔科夫斯基和奥伯特等航天先驱更是受到凡尔纳的启发,逐步确立了航天飞行的基本理论。齐奥尔科夫斯基自己的科幻小说《在地球之外》,更是已经谈到了多级火箭、太空居住区、月球车等许多非常超前的理念。

正如罗伯特-戈达德所说:"很难说什么是不可能的,昨天的梦想就是今天的希望和明天的现实。"

20.3 星际旅行技术

目标是太阳系之外的载人星际旅行,至少要涉及动力、通信、导航、生命保障等多种技术。动力技术是最基本的,对于超远的旅行距离,如果飞船的速度不能达到百分之一光速这样的量级,那一切都是空谈。如果以 50 多年前人类登月时"阿波罗 11 号"飞船的速度来计算,飞到月球需要 3 天,飞到距离太阳系最近的恒星——半人马座"阿尔法星",将至少需要 8 万 6 千年。即使速度达到我们期望的十分之一光速,飞到"阿尔法星"的 4.3 光年距离,也需要 43 年时间。

不仅加速困难,还有如何减速的问题。有些构想中的推进技术,比如利用黑洞作为引力"弹弓",理论上的确可以把飞船加速到相当可观的程度,但是抵达目的地后如何减速就是另一个令人头疼的难题。除此之外,我们还希望飞船能够一直和地球保持联系,而不是一艘被抛弃的孤独流浪者。但是星际旅行距离遥远,在光年尺度上如何实现可靠的通信也是一件麻烦事。对于载人航天飞行,人在长时间星际飞行中如何生存更是一个大难题,人需要空气、食物、水,这些物资在可能长达几百年的航行中如何获得?

下面简要介绍一些有科学理论基础、比较靠谱的未来星际旅行技术。这些技术有些在理论上完全可行,只要投入足够的资源,非常有可能变为现实,但仍然需要解决许多工程问题。有些技术仅仅只是理论上可行,目前还看不到工程上实现的可能性,但一旦实现,前景将非常诱人。还有些技术仅仅是建立在某些仍然不确定的理论猜想基础上,虽然并不属于空想,但在可预见的未来很难实现。像《星际迷航》中的超光速飞行基本属于狂想的技术,没有任何理论支持,在此不会涉及。

20.4　未来的星际推进技术

星际推进技术的问题具体来说就是用何种燃料、如何获得燃料以及燃料如何转化为动力。目前看来,未来最靠谱的推进技术主要是等离子推进和太阳帆推进技术。

等离子推进的基本原理非常简单,就是先将气体电离,然后利用电磁场加速带电离子,高速推出,产生推力,如图 20-2 所示。这种技术实际上已经成为现实,在许多航天器上都有使用,目前主要的问题是能够实现的推力很小,很适合用于在轨航天器的轨道控制,但是用它来推动一艘巨大的星际旅行飞船还不现实。

太阳帆推进技术的源头最早可以追溯到科幻小说《从地球到月球》。20 世纪 20 年代,齐奥尔科夫斯基和戈达德都认真分析过太阳帆推进的可能性。它的基本原理是利用太阳光作用于一个巨大的船帆,由于光子都有一

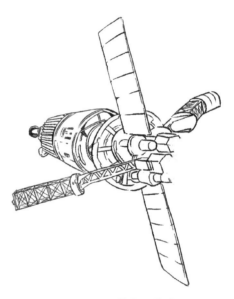

图 20-2　等离子推进

定的动量,当光子撞在帆上被吸收时,按照动量守恒原理,帆就会获得动量增量,这就是光的压力,从而产生持续的推力,如图 20-3 所示。2010 年发射的日本"伊卡洛斯号"金星探测器是首个使用太阳帆推进技术的航天器,14m² 的太阳帆能够得到约 0.2g 的推力。别小看这么小的推力,因为没有重力和空气阻力,而且几乎不需要再额外消耗燃料,只要还在太阳系内,"伊卡洛斯号"就可以持续获得加速。后来日本的"隼鸟号"探测器也同样使用了太阳帆推进技术。

图 20-3　太阳帆推进

　　虽然太阳帆推进技术已经被验证可行,但要将其实际应用于规模大很多的载人飞船,仍然充满挑战。

　　在太阳帆推进技术的启发下,霍金等科学家提出了"突破摄星计划"。其基本思路是研制一个邮票大小的纳米级航天器,在轨道上张开巨大的光帆,然后用一束高能激光照射,产生推力。由于航天器本身质量很小,理论上可以达到 0.2 倍光速的速度。虽然这一计划不违背任何已知的物理定律,但如何将通信、导航、摄像机集成于如此微小的芯片上?又如何产生高强度的激光持续照射光帆,推动航天器?这些问题目前都还没有答案。

　　可控核聚变推进的概念早在 1955 年就由丹德里奇-科尔提出。这个构想的基本思路是在火箭底部不断引爆一个个小型核弹,利用爆炸产生的后坐力推动火箭,如图 20-4 所示。这个想法的学术名字叫作核脉冲式火箭,虽然听上去惊世骇俗,而且简单粗暴,不过 NASA 还是认真考虑了这一思路,并且用常规炸药做了试验,后来放弃。

图 20-4　现代核动力脉冲推进系统

这一思路在理论上完全可行,利用可控核聚变产生的高速等离子体,显然可以产生非常巨大的推力,但要保证这一过程完全可控和安全,在工程上的难度极大。NASA一直没有放弃核动力推进技术,他们认为核能驱动的火箭是人类从事太空探索的最佳运载工具。

罗伯特·巴萨德 1960 年提出的星际冲压式发动机就属于可控核聚变推进技术。他的想法是利用一个巨大的磁场,在飞行过程中不断收集氢离子作为燃料,当两个质子聚合形成中子时产生推力,如图20-5 所示。据估算,这个发动机能够达到 6.9km/s 的速度,相当于 0.2C,非常可观。但星际冲压式发动机在工程上实现的难度很大,因为星际空间中氢物质密度很低,这样就需要很大的磁场,必然导致飞船的体积巨大,建造起来非常不易。

图 20-5　星际冲压式发动机

类似于可控核聚变推进的另一个思路是反物质火箭,在理论上可行,但在工程上还遥不可及。基本构想就是利用反物质和正物质相遇时将会湮灭并释放巨大能量的现象,如果可以人为控制这一过程,使能量按照预定方式释放,那就可以产生巨大推力。而且,反物质推进需要的燃料很少,这样就解决了星际旅行时如何补充燃料的难题。

除了这些理论上靠谱的未来推进技术,还有许多科学家大胆构想了一些更加超前的概念设计,这些方案还仅仅停留在理论探索的范畴,在可预见的未来都看不到工程实现的可能。其中最酷的一种要算物理学家阿库别瑞在 1994 年的论文[1]中提出的"曲速引擎",如图 20-6 所示。曲速引擎的基本思路是在一艘足球状的飞船四周构造一圈巨大的环形装置,使飞船外部产生一个围绕自身的弯曲时空,也就是"曲速泡"。如果让飞船前方的空间收缩而后方的空间扩张,飞船就可以在一个区间内乘着波动前进。这相当于飞船本身不动,而是由曲速泡带着飞船前进。因为飞船本身处于没有扭曲的平坦时空中,这样就可以在不违背广义相对论光速恒定原理的基础上,让飞船超光速飞行。有物理学家声称,曲速引擎可以达到10倍光速。虽然阿库别瑞的理论在数学上成立,但是曲速引擎的实现需要负能量,这可就让工程师们无从下手了。这种负能量也叫作"奇异物质",虽然理论上可能存在,但毕竟现在还没有任何关于负能量在宇宙中存在的直接证据。在著名的系列科幻电视剧《星际迷航》中,NCC-701"进取号"飞船就号称使用了曲速引擎,从而实现了超光速星际飞行。

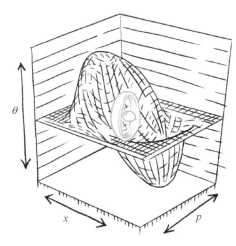

图 20-6　曲速引擎

相比起来,穿越"虫洞(Wormhole)"的星际旅行技术比上面各种千奇百怪的推进技术省事多了,如图 20-7 所示。当然,穿越虫洞更像是走了一段宇宙中的捷径,即使可行,二者也不能互相替代。虫洞最早是由奥地利物理学家福拉姆在 1916 年的论文[2]中提出的,他发现了爱因斯坦广义相对论的一个解,而这可以解释为宇宙空间中的一个虫洞。假如在地球和某个星球之间恰好存在一个虫洞,那么通过虫洞的飞行路径将会比通常的距离大大缩短,如图 20-8 所示。

图 20-7　穿越虫洞

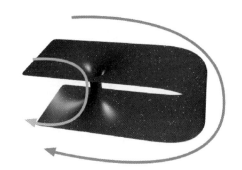

图 20-8　二维环境中的虫洞[3]

后来科学家们发现虫洞不是一成不变的,它会诞生、膨胀、连通和死亡。但是麻烦在于,正如诺贝尔物理学奖获得者基普·索恩的观点,"任何可穿行的球对称虫洞移动是由某种具备负能量的物质支撑的"。因此，如果找不到负能量，穿越虫洞就无法实现。

虫洞究竟是否像太阳、地球一样在宇宙中自然存在，仍然是一个未知的问题。如果虫洞是自然存在的，那么就好比山洞一般，自然可以利用它缩短旅程。但如果起点和目的地之间并无虫洞存在，那一切又重回原点。正因为如此，科学家们非常期待在未来可以根据自己的意愿，灵活地构造出可穿行的虫洞，这样就可以在宇宙中的任意位置随意穿行。虽然听上去很过瘾，不过这么操作可能会对当前时空的稳定性产生无法预料的副作用。

解决了星际旅行的动力问题还远远不够，因为人的生命实在是太过短暂，相比动辄就几百上千年的旅途来说，解决航天员如何在漫长的星际旅行中活下去的问题至关重要。人这种生物虽然具有智慧，但在生存环境方面实在是太挑剔，不能太热也不能太冷，吃喝拉撒睡一个都不能少，说起来人类真的太不适合星际旅行。在这方面，目前唯一一种不直接涉及未来科技的方案就是"世代飞船"，如图 20-9 所示。

图 20-9　世代飞船

罗伯特·戈达德 1918 年就提出了这一方案，既然人类个体的寿命无法承受漫长的星际旅行，那干脆就让他们的后代抵达目的地就好了。"世代飞船"虽然看上去不涉及任何新技术，但制造一个足够庞大，能够容纳一定数量的人类生存和繁衍，能够形成良性的生态循环,持续运转下去的飞船,在现在看来也是不可能完成的任务。刘慈欣的科幻小说《流浪地球》中正是借用了世代飞船的概念,不过他的解决方案是直接把地球当成飞船发射出去。更靠谱的方案就是把航天员冷冻起来,这样能量消耗会大大降低,飞船由计算机自动驾驶,到达目的地之后将航天员唤醒即可。很多科幻作品中都使用了这一概念,但是人体冷冻技术仍然有许多困难需要克服,如何冷冻、能否复苏都还是未知的,短期内仍然看不到能够在航天中应用的可能。

20.5 未来星际旅行的通信技术

比起推进技术和生命保障技术,星际通信技术的研究一直远离大众视野,即使在科幻小说中也很少被提及。但事实上,在星际旅行中如何保持与地球的通信不仅重要,而且同样非常困难。

星际旅行的目的首先一定是了解未知的宇宙空间,这就要求宇宙飞船不能是一个断了线的风筝,它必须和地球保持联系。无论飞了多远,飞船总要时不时寄回一封家书给地球,告知在旅途中获得的各种信息,哪怕只是"平安"二字。要做到这一点实际上非常困难。无线电波在传输过程中,能量密度以距离的平方反比衰减。当飞船距离地球足够远,信号的能量衰减到和地球周围的热噪声能量同量级,实现可靠的通信就不可能了。

以目前速度最快、距离地球最远的航天器"旅行者 1 号"为例(见图 20-10),它目前距离地球大约 17 光小时,也就是说"旅行者 1 号"发出的信号要在 17 小时后才能抵达地球,如图 20-11 所示。它的天线直径为 3.8m,这其实已经是一个相当大的天线了,但是它的功率只有 23W,通信频率为 8GHz。地面上用直径 37m 的巨大天线和"旅行者 1 号"通信,但即使这样,由于信号抵达地面时已经非常微弱,通信速率只有大约 1.4kbps。年纪大一些的读者也许还记得,刚有互联网时,用家里电话拨号上网的速度也有 54kbps,而用这个速度传输一张你现在用手机拍摄的照片,至少也要用上 2 小时。

当"旅行者 1 号"继续向太阳系外飞行,那么用不了多久,它就会与地球失去联系。当然现在 NASA 已经有天线直径为 70m 的深空通信网(DSN)了,天线直径越大,接收到的信号能量就越大,可以通信的距离就越远。但即使如此,就算未来再使用更先进

图 20-10 "旅行者 1 号"探测器

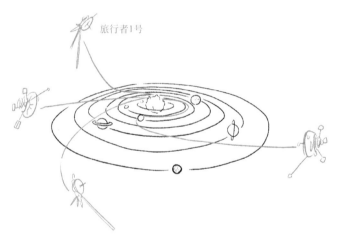

图 20-11 人类太阳系探测器目前的位置

的编码技术和数据压缩技术,能够支持的最远通信距离与恒星际旅行的需求仍然差得太远。解决问题的关键在于能量。正因为如此,在科幻小说《三体》中,红岸基地即使有了非常巨大的天线,叶文洁还是需要用太阳作为信号放大器才能和三体人建立通信联系。除此之外,量子纠缠通信理论上可以实现超光速通信,但目前还没有得到验证。如果真的可以实现,那的确可以解决星际旅行的超远距离通信问题。

近年来虚拟现实技术的快速发展让很多人产生一个想法,不必再大费周折送人去遥远的宇宙深处探险了,只要送个摄像头过去,大家在地球上就可以身临其境了。事实上,这并不可行。要实现比较好的虚拟现实效果,至少需要 20Gbps 的通信速率,拿这个数据和 1.4kbps 比较一下,之间相差了 1.4 亿倍。所以利用虚拟现实技术并不能代替载人航天,即使是去离地球很近的火星,其技术难度一点儿也不比送人去容易。

20.6 漫游宇宙

航天的终极目标一定是让我们每个人都能够走出那扇门,走出地球"摇篮"。宇宙很大,每个人都应该去看看。

宇宙本身的无限性和当前人类所掌握的航天技术存在巨大的鸿沟,这就要求航天必须解决许多难度更大的问题。我们期待着再出几位大师,来一位牛顿那样的物理学大师从理论上解决星际旅行所需的时间和空间穿越问题;来一位齐奥尔科夫斯基那样的理论大师帮我们构建一套星际旅行的基本方法;来一位科罗廖夫那样的船长带领我们逐个解决材料、燃料、生命保障、星际导航、自主控制等一系列技术问题……毕竟人类的航天史才短短几十年,而技术的发展是很难预测的。有时候几十年都没有进展,有时候又突然取得突破,而突破的方向往往出乎意料。我们应该对星际旅行的可能性保持乐观。

笔者将下面这首诗送给读者:

> 最诱惑人的旅行,是到星星那里去。
>
> 黑暗中,他们仿佛一直在细语。
>
> 即使那里的风景并不尽如人意,
>
> 因为这真是一种迷人的错。
>
> 对于地球主义者来说,
>
> 地球是故乡。
>
> 对于宇宙主义者来说,
>
> 也许某个星星才是他的家,
>
> 因为他身体里的一部分原子来自那里。

相信在未来，提到"船"，人们首先想到的是宇宙飞船，而不是大海里的航船。

正如赫尔曼·梅尔维尔在小说《白鲸》中道出的所有漫游者的心声：

　　远方引我心痒难耐，

　　念念不忘，

　　我渴望驶向未知的大海

　　……

让我们一起，从远方，看地球升起（见图 20-12）！

图 20-12　地球升起[4]

参考文献

［1］Alcubierre M. The Warp Drive：Hyper-Fast Travel Within General Relativity［J］. Class. Quantum Grav.，1994，11：73-77.

［2］New Scientist. Finding the door to a parallel universe［EB/OL］. EurekAlert. 30-Jan-2008［2008-02-01］. http://www. eurelalert. org/pub_release/2008-01/ns-ftd013008. php.

［3］Interstellar travel［EB/OL］. https://en. wikipedia. org/wiki/Interstellar_travel.

［4］Earthrise［EB/OL］. https://en. wikipedia. org/wiki/Earthrise.